改訂増補 タマゴの知識

今井　忠平
南羽　悦悟
栗原　健志

幸書房

まえがき

　昭和61年10月から62年3月まで6回にわたって幸書房の月刊誌『油脂』に「卵の科学」というテーマで，鶏卵の成分，鮮度，保蔵，加工，利用について連載した．今回，同社の御好意により，これらの記事をもとにキユーピー㈱の南羽氏の執筆による鶏卵の生産，流通，消費など経済面を加え，『タマゴの知識』というタイトルで出版されることとなった．

　著者らの育った時代には卵は貴重品であり，わが家の食卓には滅多にのぼることはなかったし，学生時代の3年間の寮生活を通じて，ついに一度も卵が出なかったことを覚えている．その後，卵も潤沢に出回るようになったが，諸物価の高騰する中にあって，卵は物価の優等生といわれるくらい，安定した価格にあった．同じグラム数の動物タンパクを摂るのに，卵が最も安いといわれてからすでに久しい．特に近年は，卵はやや生産過剰気味といわれ，価格も比較的低い水準で低迷している．この打開には，一般家庭および業務筋における使用量の増加と，卵を使った加工食品，さらには食品でなくとも卵を原料とした加工品の開発といったことが望まれる．

　本書の内容は純学問的というよりは，卵の生産，流通，加工，利用などに携わる方々の，実際面で役に立つよう配慮したつもりである．また，実際に卵や卵製品を使う家庭の主婦の方々，あるいは食品に関連のある学生の皆さんにも，卵は身近にある割には意外に知られていない面が多く，参考になる点もあろうかと思う．本書が卵の保蔵，加工，利用，流通，あるいは品質向上といった面でいささかでも役立てば，著

者らにとって無上の光栄とするところである.

　本書は初めから単行本を意識したものでなく，6回という短い連載物を中心としたものであり，不備な点については先賢諸士の御叱正を仰ぐ次第である．最後に本書の発刊を企画された幸書房に深甚なる感謝の意を表する次第である．

　昭和63年10月

　　　　　　　　　　　　　　　　　　　　　今　井　忠　平

改訂増補に際して

　本書は「まえがき」にも書いたように，鶏卵の保蔵，加工などにおける化学的，微生物学的な知見をまとめたものとして，昭和64年(平成元年)に発行されたものであり，その基となったものは，月刊『油脂』に昭和61年から同62年まで6回にわたって連載された「卵の科学」と題した論説である．

　本書が発行された直後くらいから，突如わが国にもサルモネラ・エンテリティディス（腸炎菌）という食中毒菌による中毒事件が急増するようになり，この問題は平成7年3月現在に至るまで衰えることなく続いている．

　わが国にも従来からサルモネラによる中毒はあったが，食中毒菌としては第3位にランクされるものであり，しかも原因食は肉や魚が多かった．今やサルモネラは食中毒菌の1位にランクされ，その原因食には卵が絡んでいることが多い．何故平成元年以降このような事態になったかは，ミステリアスな部分が多い．また，この問題はわが国だ

けの問題ではなく，世界的な問題であり，わが国ではむしろ遅れて発生したともいえる．

このような事態を重視した厚生省では平成3年に学識経験者より成る本菌問題対策委員会を設置し，その調査，研究の結果を基に，平成5年8月，液卵の製造，使用に対する衛生上の指導要領を各自治体宛に通知した．しかし液卵の製造，使用だけに対する注意で本菌中毒が収まるとは考えられず，多量の殻付き卵を使用する場における注意も必要なことは，海外の事例をみても，わが国の中毒発生の場所をみても明らかである．

このような状況から今や鶏卵関係について論じるには，サルモネラ・エンテリティディス問題は避けて通れない状況になっている．著者らも平成2年に2回にわたり，月刊『油脂』に本菌問題を論説したが，その後もさらに種々の知見が集まっている．そこで今回の改訂にあたり，新たに第9章として本菌問題を取上げ論説した．また第1章においても，統計的な数値がやや古いものになったので，近年のものに修正した．

平成7年4月

今 井 忠 平

改版に際して

本書は今井が昭和61年10月から62年3月まで6回にわたって幸書房の月刊誌『油脂』に「卵の科学」というテーマで，鶏卵の成分，鮮度，保蔵，加工，利用について連載したものに，南羽が鶏卵の生産，流

改版に際して

通,消費などの経済面を補足して,平成元年1月に『タマゴの知識』と題して出版したのが初めである.

その後わが国の鶏卵にもサルモネラ・エンテリティディス（SE）問題が起こり,社会的に騒がれるようになった.そのため厚生省では平成3年学識経験者より成る鶏卵サルモネラ問題対策作業部会を組織し,平成4年には京都,大阪での大規模SE食中毒を機に,「卵およびその加工品の衛生対策について」という通知を各自治体宛に発した.さらに平成5年には作業部会の答申を基に「液卵の製造等に係る衛生確保（液卵製造施設等の衛生指導要領）」を通知した.この時には殻付卵についての衛生対策も案の段階まで出来上がったのであるが,業界団体との合意をみず見送られた.

著者らの一人はこの作業部会にも参画し,平成7年の本書の増刷の際には本問題を取り上げて,著者の一人に栗原を加えて新規に第9章として「近年のサルモネラ問題」というのを加えて改定増補版とした.鶏卵由来のSE問題はその後も衰えず,病原大腸菌O157が社会的に大きく騒がれた平成8年においてもサルモネラ食中毒の方が中毒件数,患者数とも病原大腸菌（O157以外をも含む）よりかなり上回った.このような実情から厚生省では平成9年さらに食品衛生調査会に委託して,本問題のさらなる調査,追跡を行った.その結果SE食中毒は液卵を原因とするものは非常に少なく,大部分は殻付卵によるものであることが分かり,平成10年11月付で食品衛生法を改正して殻付卵も含めた「農場から食卓まで」の衛生対策を各自治体宛に通知した.

また近年食品業界ではHACCP方式による製造管理がやかましく騒がれ,厚生省でもこの方式を取り入れた「総合衛生管理製造過程」というものを,食品群を限定して承認制度に組み込んだ.すでに乳製品では多くの工場や製品が承認を受け,食肉製品,水産練り製品,容器

包装詰高圧高温殺菌食品（缶詰，レトルト食品）なども申請を受けつけている．HACCPにおいてはその食品あるいは原料の微生物的危害をまず知る必要があり，次いでその食品の製造（調理）や保存の過程における微生物の挙動がCCPを決める上で重要となる．しかし，わが国では鶏卵や液卵の微生物についての専門書はこれまでなかった．

このような現状から今回の増刷にあたり，前回の増補に加えさらに鶏卵の加工におけるHACCP対策に役立つような資料を加え，また厚生省の今回の対策をも要約して補足した．HACCPは初めから述べるとそれだけで一冊の本になってしまう．そこで本書では鶏卵の微生物危害とCCP（重要管理点）決定の根拠となるデータの提供にとどめた．

鶏卵は安価で良質な動物性タンパク源として国民に親しまれてきており，わが国の一人当たりの鶏卵消費量は世界でも屈指のものである．鶏卵はその扱いさえ誤らなければ決して危険な食べ物ではない．本書が鶏卵の安全な扱いに寄与できることを切望してやまない．

平成11年6月

今 井 忠 平

目　　　次

1. 鶏卵の生産と流通 ……………………………………………………… 1
   - **1.1 生産動向** …………………………………………………… 1
     - 1.1.1 わが国の鶏卵生産量 …………………………………… 1
     - 1.1.2 生産構造の変化 ………………………………………… 4
     - 1.1.3 産地の移行と飼料メーカー ……………………………… 6
   - **1.2 流通・消費動向** …………………………………………… 9
     - 1.2.1 鶏卵の流通機構 ………………………………………… 9
     - 1.2.2 鶏卵の消費動向 ………………………………………… 12
     - 1.2.3 加工卵の流通動向 ……………………………………… 13
   - **1.3 鶏卵の品質と規格** ………………………………………… 17
     - 1.3.1 鶏卵の取引規格と規格検査 …………………………… 17
     - 1.3.2 鶏卵中の残留物質 ……………………………………… 19
     - 1.3.3 液卵および卵製品の微生物規格 ……………………… 20
   - **1.4 価格形成** …………………………………………………… 22
     - 1.4.1 価格の周期変動 ………………………………………… 22
     - 1.4.2 価格の決め方（形成） ………………………………… 25
     - 1.4.3 価格の安定制度 ………………………………………… 26
   - **鶏卵の取引規格（箱詰鶏卵規格）** ………………………… 29
   - **食品，添加物等の規格基準（抜粋）** ……………………… 35

2. 鶏卵の成分と栄養 ……………………………………………………… 43
   - **2.1 はじめに** …………………………………………………… 43
   - **2.2 鶏卵の構造** ………………………………………………… 43
     - 2.2.1 クチクラ ………………………………………………… 44
     - 2.2.2 卵　　殻 ………………………………………………… 45
     - 2.2.3 卵　殻　膜 ……………………………………………… 46
     - 2.2.4 気　　室 ………………………………………………… 47
     - 2.2.5 卵　　白 ………………………………………………… 47
     - 2.2.6 卵　　黄 ………………………………………………… 48
   - **2.3 鶏卵の形状** ………………………………………………… 48

| 2.3.1 鶏卵の大きさ ………………………………………… 48
| 2.3.2 鶏卵の大きさと卵黄,卵白,卵殻の比率 ………… 49
| **2.4 鶏卵の栄養** ……………………………………………… 52
| 2.4.1 卵黄の成分と栄養 ……………………………………… 53
| 2.4.2 卵黄の色と栄養 ………………………………………… 56
| 2.4.3 卵白の成分と栄養 ……………………………………… 56
| 2.4.4 全卵の成分と栄養 ……………………………………… 57
| 2.4.5 卵殻の成分と栄養 ……………………………………… 57
| 2.4.6 有精卵と栄養 …………………………………………… 57
| 2.4.7 卵の消化吸収 …………………………………………… 59

3. 鶏卵の鮮度 …………………………………………………… 60
3.1 はじめに ………………………………………………… 60
3.2 卵の鮮度の指標 ………………………………………… 60
    3.2.1 ハ ウ 単 位 …………………………………………… 60
    3.2.2 卵 黄 係 数 …………………………………………… 62
    3.2.3 気 室 高 ……………………………………………… 63
    3.2.4 比　　　重 …………………………………………… 66
    3.2.5 視覚による判定 ……………………………………… 68
    3.2.6 その他の項目 ………………………………………… 69
3.3 卵の鮮度低下に及ぼす因子 …………………………… 70
    3.3.1 温度の影響 …………………………………………… 70
    3.3.2 湿度の影響 …………………………………………… 71
    3.3.3 ニワトリの月齢（卵のサイズ）による影響 ……… 71
    3.3.4 ニワトリの品種による影響 ………………………… 73
    3.3.5 ワクチン接種の影響 ………………………………… 74
    3.3.6 病気による影響 ……………………………………… 74
    3.3.7 輸送による影響 ……………………………………… 74
    3.3.8 鶏卵の並べ方による影響 …………………………… 74
    3.3.9 洗卵による影響 ……………………………………… 75
    3.3.10 冷蔵開始前の鮮度が冷蔵後の鮮度に及ぼす影響 …… 75
3.4 卵の鮮度低下と品質 …………………………………… 76
    3.4.1 細菌的な品質低下 …………………………………… 76
    3.4.2 物理的な変化 ………………………………………… 78

目　　次

　　3.4.3　化学的変化 ………………………………………… 79
　　3.4.4　その他の変化 ………………………………………… 80
　　3.4.5　市販鶏卵の鮮度 ……………………………………… 80
　3.5　卵の鮮度保持対策 ………………………………………… 82
　　3.5.1　低温保存 ……………………………………………… 82
　　3.5.2　殻付き卵のコーティング …………………………… 83
　　3.5.3　炭酸ガス保存 ………………………………………… 84

4.　鶏卵の一次加工 ……………………………………………………… 86
　4.1　はじめに ………………………………………………… 86
　4.2　鶏卵の一次加工の現況 …………………………………… 86
　4.3　鶏卵一次加工の原料と工場 ……………………………… 88
　　4.3.1　鶏卵一次加工の原料 ………………………………… 88
　　4.3.2　鶏卵一次加工の工場 ………………………………… 89
　4.4　鶏卵一次加工の実際 ……………………………………… 90
　　4.4.1　設　　備 ……………………………………………… 90
　　4.4.2　検　　卵 ……………………………………………… 94
　　4.4.3　洗　　卵 ……………………………………………… 96
　　4.4.4　割卵と分離 …………………………………………… 98
　　4.4.5　沪　　過 ……………………………………………… 99
　　4.4.6　低温殺菌 ……………………………………………… 100
　　4.4.7　充　　填 ……………………………………………… 101
　　4.4.8　冷　　凍 ……………………………………………… 105
　　4.4.9　濃縮液卵 ……………………………………………… 106
　　4.4.10　乾　燥　卵 …………………………………………… 107
　　4.4.11　鶏卵加工におけるサニテーションの重要性 ……… 108

5.　卵の食品への利用 …………………………………………………… 111
　5.1　はじめに ………………………………………………… 111
　5.2　卵の機能特性 ……………………………………………… 111
　　5.2.1　乳　化　性 …………………………………………… 111
　　5.2.2　熱凝固性と結着性 …………………………………… 112
　　5.2.3　起　泡　性 …………………………………………… 114
　5.3　卵の乳化性の利用 ………………………………………… 116

5.3.1　マヨネーズとサラダドレッシング …………………116
　　5.3.2　アイスクリーム …………………………………………120
　5.4　卵の熱凝固性，結着性の利用 ……………………………121
　　5.4.1　水産練り製品 …………………………………………121
　　5.4.2　畜　肉　製　品 …………………………………………122
　　5.4.3　め　ん　類 ………………………………………………123
　　5.4.4　そ　の　他 ………………………………………………123
　　5.4.5　卵の加熱と硫化黒変 …………………………………124
　　5.4.6　ゆで卵の殻のむきやすさ ……………………………125
　5.5　卵の起泡性の利用 …………………………………………127
　　5.5.1　家庭用エンゼルケーキ ………………………………128
　　5.5.2　カ　ス　テ　ラ …………………………………………128
　　5.5.3　ケーキに卵を使用する際の注意 ……………………128
　　5.5.4　製菓における熱凝固性の利用 ………………………129
　5.6　生卵としての利用 …………………………………………129

6. 卵の医薬，化粧品への利用および変わった使い方 ………132
　6.1　はじめに ……………………………………………………132
　6.2　リゾチーム …………………………………………………132
　　6.2.1　リゾチームの分布と生産 ……………………………132
　　6.2.2　リゾチームの作用 ……………………………………133
　　6.2.3　リゾチームの製法 ……………………………………135
　　6.2.4　リゾチームの用途 ……………………………………136
　6.3　卵黄レシチン ………………………………………………142
　　6.3.1　レシチンの分布と組成 ………………………………142
　　6.3.2　レシチンの性質と製法 ………………………………143
　　6.3.3　レシチンの用途 ………………………………………144
　6.4　タンパク質 …………………………………………………146
　6.5　微生物学に関連した卵の利用 ……………………………147
　　6.5.1　細菌試験における鶏卵の利用 ………………………147
　　6.5.2　細菌試験以外の用途 …………………………………155
　6.6　卵のその他の変わった使い方 ……………………………156

目　　次

7. 卵と微生物 …………………………………………163

7.1 はじめに …………………………………………163
7.2 卵殻の微生物 ……………………………………163
7.3 卵内部の細菌 ……………………………………166
7.4 洗卵と微生物 ……………………………………168
7.5 液卵中の微生物 …………………………………169
　7.5.1 液卵中での微生物の繁殖 ………………………169
　7.5.2 液卵中の細菌の繁殖と温度 ……………………172
　7.5.3 液卵の菌叢 ………………………………………174
7.6 冷凍卵と細菌 ……………………………………177
　7.6.1 冷凍卵における細菌の繁殖 ……………………177
　7.6.2 冷凍卵の解凍 ……………………………………178
　7.6.3 加塩,加糖と冷凍卵 ……………………………180
7.7 卵製品の細菌学的規格 …………………………182
　7.7.1 卵製品の国際規格 ………………………………182
　7.7.2 卵製品のEC規格 ………………………………183
　7.7.3 わが国における規格 ……………………………185
7.8 卵製品の細菌試験法 ……………………………185
　7.8.1 試料の採取および調製法 ………………………185
　7.8.2 細菌数 ……………………………………………186
　7.8.3 大腸菌群 …………………………………………186
　7.8.4 サルモネラ ………………………………………187
　7.8.5 黄色ブドウ球菌 …………………………………187
7.9 まとめ ……………………………………………188

8. 卵と食中毒菌 ………………………………………191

8.1 はじめに …………………………………………191
8.2 卵とサルモネラ …………………………………192
　8.2.1 サルモネラとは …………………………………192
　8.2.2 殻付き卵および液卵とサルモネラ ……………192
　8.2.3 液卵の殺菌とサルモネラ ………………………195
8.3 卵と黄色ブドウ球菌 ……………………………196
　8.3.1 黄色ブドウ球菌とは ……………………………196

8.3.2　殻付き卵および液卵と黄色ブドウ球菌 …………………197
　　8.3.3　液卵の殺菌と黄色ブドウ球菌 ……………………………199
　　8.3.4　マヨネーズと黄色ブドウ球菌 ……………………………200
　8.4　卵とその他の食中毒菌 ………………………………………………201
　　8.4.1　カンピロバクター（*Campylobacter jejuni/coli*）………202
　　8.4.2　エルシニア（*Yersinia enterocolitica*）…………………203
　　8.4.3　エロモナス（*Aeromonas*）………………………………204
　　8.4.4　リステリア菌（*Listeria*）…………………………………205
　　8.4.5　セレウス菌（*Bacillus cereus*）……………………………207
　　8.4.6　その他の食中毒菌 …………………………………………211
　8.5　卵含有食品の HACCP ………………………………………………213
　　8.5.1　卵の微生物危害 ……………………………………………214
　　8.5.2　卵を含む食品に対する CCP の根拠 ……………………217
　　8.5.3　鶏卵の化学的および物理的危害とその防除 ……………222
　8.6　ま　と　め ……………………………………………………………224

9.　近年のサルモネラ問題 ……………………………………………………229
　9.1　サルモネラ問題の概況 ………………………………………………229
　　9.1.1　わが国の状況 ………………………………………………229
　　9.1.2　海外における状況 …………………………………………233
　　9.1.3　わが国における対策 ………………………………………237
　9.2　殻付き卵や液卵のサルモネラ汚染状況 ……………………………240
　　9.2.1　殻付き卵のサルモネラ汚染状況 …………………………240
　　9.2.2　殻付き卵の中身のサルモネラ汚染の二つの形式 ………241
　　9.2.3　液卵のサルモネラ汚染状況 ………………………………244
　9.3　鶏卵の調理，加工と関連のあるサルモネラの性質 ………………249
　　9.3.1　サルモネラの繁殖温度 ……………………………………249
　　9.3.2　サルモネラの発育 pH 域 …………………………………252
　　9.3.3　サルモネラの耐熱性 ………………………………………253
　　9.3.4　サルモネラの増殖水分活性域 ……………………………256
　　9.3.5　サルモネラと乾燥 …………………………………………257
　　9.3.6　サルモネラと凍結 …………………………………………258
　　9.3.7　サルモネラの薬剤耐性 ……………………………………260
　9.4　液卵の製造とサルモネラ ……………………………………………261

目　次

　　9.4.1　原料卵とサルモネラ ……………………………………261
　　9.4.2　洗卵の影響 ………………………………………………264
　　9.4.3　割卵とサルモネラ ………………………………………267
　　9.4.4　液卵の殺菌とサルモネラ ………………………………267
　　9.4.5　液卵の製造における HACCP …………………………269
9.5　個々の最終製品（料理）とサルモネラ …………………272
　　9.5.1　洋生菓子とサルモネラ …………………………………274
　　9.5.2　総菜類とサルモネラ ……………………………………281
9.6　SE 問題のその後の知見 …………………………………295
　　9.6.1　養鶏場や鶏からの SE 検出報告 ………………………295
　　9.6.2　液卵の細菌数，大腸菌群数とサルモネラ ……………295
　　9.6.3　SE の卵内への侵入 ……………………………………297
9.7　SE 問題に対する厚生省の最近の動き …………………299
9.8　ま　と　め …………………………………………………302

索　　引 …………………………………………………………308

1. 鶏卵の生産と流通

鶏卵は物価の優等生と呼ばれているが,初めにその生産,流通,消費の構造と背景を説明する.

1.1 生 産 動 向

1.1.1 わが国の鶏卵生産量

わが国の鶏卵自給率は,この20年あまり98%台を維持している.国内生産量の推移は,表1.1にみられるように昭和50年には180万トンであったが,その後も増加傾向が続き,昭和55年には200万トンの大台に乗った.

この頃から「過剰生産」による需給バランスの崩れが懸念され始め,農林水産省は,昭和56年「畜産局長通達」による「計画生産」を推進した.昭和56年には

表1.1 わが国の鶏卵生産量

	数量 (千トン)	前年比 (%)
昭和50年	1 807	101.0
55	2 002	100.5
59	2 130	102.1
61	2 231	103.7
62	2 376	106.5
63	2 400	101.0
平成元年	2 421	100.9
2	2 419	99.9
3	2 498	103.3
4	2 571	102.9
5	2 598	100.9
6	2 569	98.9
7	2 551	99.3
8	2 567	100.6
9	2 566	100.0
10	2 542	99.1
11	2 536	99.7
12	2 540	100.2
13	2 527	99.5
14	2 529	100.1
15	2 529	100.0
16	2 491	98.5
17	2 481	99.6
18	2 497	100.6

(農林水産省「鶏卵流通統計」)

1. 鶏卵の生産と流通

その効果が現われ,前年比99.9%と200万トンを割る生産量となった.

しかし,その後は年々増加し,昭和59年210万トン,昭和61年220万トン,昭和63年240万トン,平成5年260万トンと急ピッチで伸びた.その背景には,表1.2にみられるように,昭和55〜56年と続いた高卵価により生産者の利益が改善され,その潤沢な資金が,コスト低減を求めて生産規模の拡大,および合理化投資に向けられたことがある.その結果,国内消費を上回る生産過剰となった.しかも,飼料価格が昭和60年以降値下がりしたため,さらに増羽に拍車をかけた.

表1.2　鶏卵の生産コストと生産者受取価格

	生産コスト (円/kg)	受取価格 (円/kg)	差 (円/kg)
昭和54年	218	233	＋15
55	251	287	＋36
56	275	317	＋42
57	266	254	△12
58	255	234	△21
59	263	241	△22
平成元年	174	172	＋2
2	180	204	＋24
3	180	228	＋48
4	178	149	△29
5	172	145	△29
6	166	151	＋15
7	調査廃止↓	173	
8		186	

(農林水産省「鶏卵流通統計」)

1.1 生産動向

　平成2～3年にも高卵価が到来し,平成5年には260万トンに迫る生産量となり,平成6年1月には,戦後2番目の安い卵価110円/kg(全農東京Mサイズ)が出現した.その後,生産量は255万トン前後と安定した推移となり,平成3年行政による「計画生産」は撤廃され,日本養鶏協会内に自主基金事業部が発足し,業界の規制に委ねられた.その後,平成16年に「計画生産」は廃止され,日本鶏卵生産者協会(JEPA)がその受け皿となっている.JEPA (Japan Egg Producers Association) は日本養鶏協会の下部組織として,平成16年1月21日に設立され,日本養鶏協会と協力・協同して鶏卵産業および養鶏経営の安定に取り組むことを主な目的としている.

　1人当たりの鶏卵購入量(1.2.2　鶏卵の消費動向参照)が減少に転じる状況の中で,平成14～15年に生産量を調整しなかったため,平成16年1月スタート(初市)の鶏卵価格は85円/kg(全農東京Mサイズ)で始まった.そして1月10日に山口で発生した,鳥インフルエンザの影響による消費の更なる落ち込みにより,鶏卵価格は戦後最安値を更新し,月間平均95円/kg(全農東京Mサイズ)となった.なお,同年2月には京都・大分でも鳥インフルエンザが発生し,生産者は先行きの不透明感からか,生産意欲が減退し,生産量が急速に低下し,同年12月には鶏卵価格は272円/kg(全農東京Mサイズ)と急騰し,乱高下の激しい1年であった.

1. 鶏卵の生産と流通

1.1.2 生産構造の変化

戦争によって潰滅した鶏卵生産は，産卵個数で昭和27年，飼養羽数で昭和35年に戦前の最高水準を超えた[1]．昭和30年までを戦後の「回復期」とすると，昭和30～40年は「発展期」といえる．軒先養鶏から集団養鶏に変わったのもこの頃からで，飼養羽数も昭和30年の4 000万羽から，40年には8 800万羽と2.2倍になった．

昭和40～50年の時期は「転換期」といえる．表1.3にみられるように，この間，飼養戸数は323万戸から51万戸へと大幅に減少する一方，飼養羽数は8 809万羽から1億1 642万羽へと増え，1億羽の大台に乗った．その結果1戸当たりの飼養羽数は，昭和50年に230羽となり，30年頃の9～10羽と比較すると大幅に伸び，養鶏業の戦後は終わった．

前記の「計画生産」が通達された昭和56年～平成6年は「躍進期」といえる．表1.3の注記c）に記したように，統計の取り方が変更（飼養羽数300羽未満を除く）となり，統計上の飼養戸数は大幅に減少したが，図1.1にみられるように大規模養鶏への転換が進み，飼養羽数1万羽未満の小規模養鶏の衰退と，1万羽以上の大規模養鶏の伸びによる，生産構造の変化が表れ始めた時期である．

平成6年以降，今日に至るまでは「寡占期」といえる．1戸当たりの飼養羽数10万羽を超える階層が中小の生産者を吸収し，さらに大規模化と寡占化が進んでいる．平成18年には，飼養羽

表1.3 採卵鶏の飼養戸数と飼養羽数

	飼養戸数[a] (戸)	飼養羽数[b] (千羽)	羽数/戸 (羽)
昭和35年	3 838 600	44 500	12
40	3 227 000	88 093	27
45	1 696 000	118 201	70
50	507 300	116 420	229
56	186 500	121 822	653
60	123 100	127 596	1 037
平成2年	86 500	136 961	1 583
3[c]	9 310	138 717	14 900
4	8 530	144 455	16 935
5	8 450	148 066	17 523
6	7 860	147 652	18 785
7	7 310	146 630	20 059
8	6 800	145 536	21 402
9	6 530	145 370	22 262
10[d]	5 390	145 299	26 957
11	5 070	143 148	28 234
12	4 890	140 365	28 704
13	4 720	139 248	29 502
14	4 530	137 718	30 401
15	4 340	137 299	31 636
16	4 090	137 216	33 549
17	鳥インフルエンザの影響で調査せず		
18	3 610	136 916	37 927

a) 飼養戸数:種鶏のみの飼養を除く.
b) 飼養羽数:採卵鶏雌6カ月以上(成鶏雌羽数).
c) 平成3年以降「300羽未満」の飼養戸数は除く.
d) 平成10年以降「1 000羽未満」の飼養戸数は除く.
(農林水産省「鶏卵流通統計」)

1. 鶏卵の生産と流通

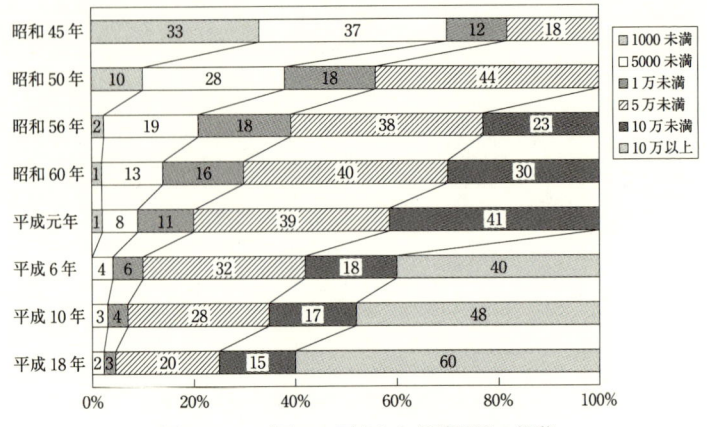

図 1.1　わが国の 1 戸当たり飼養羽数の推移
昭和 50 年までは 5 万未満に 5 万以上包含
平成元年までは 10 万未満に 10 万以上包含
(農林水産省「畜産統計」(各年 2 月 1 日現在))

数 10 万羽以上の養鶏業者が，わが国の飼養羽数の 60％を占める状況となっている．この傾向は，今後も一段と加速されるものと思われる．

1.1.3　産地の移行と飼料メーカー

生産構造の変化に大きくかかわった飼料メーカーと，養鶏業界の動向について，少し触れてみたい．養鶏の経営規模の拡大は，技術的進歩によるところが大きい[2]ことは，論及するまでもない．この技術的進歩は，一方では，経営規模を拡大し，それから得た経済的条件に裏づけされていることも見逃してはならない．その端

表1.4 鶏卵の都道府県別生産量（上位20）

平成17年順位	都道府県	平成17年（トン）	平成5年（トン）	増減率（％）
1 ※	茨 城	172 087	125 364	137
2 ※	鹿児島	162 893	157 802	103
3 ※	千 葉	159 655	124 080	129
4 ※	愛 知	133 821	136 358	98
5 ※	広 島	114 233	93 102	123
6	北海道	106 067	115 948	91
7 ※	岡 山	105 178	93 977	112
8 ※	新 潟	89 635	66 610	135
9 ※	青 森	87 432	84 993	103
10	岐 阜	81 866	85 383	96
11 ※	群 馬	78 717	75 366	104
12 ※	岩 手	74 102	66 923	111
13 ※	香 川	70 798	71 508	99
14	兵 庫[a]	69 837	108 527	64
15	宮 城	69 364	82 856	84
16	三 重	67 657	71 784	94
17	埼 玉	63 211	74 828	84
18	福 島	62 810	67 297	93
19	福 岡	61 952	78 352	79
20 ※	栃 木	61 630	57 070	108
	全 国	2 481 000	2 597 684	96

※増加率が全国平均を上回る都道府県．
a） 兵庫県の減少は鳥インフルエンザの影響．
（農林水産省「鶏卵流通統計」）

的な変化が，生産立地の変化に現われている．

　平成17年と平成5年を比較してみると，各都道府県別の生産量は，表1.4にみられるように，全国平均増減率96％に対し，100％以上増加した都道府県は，東北地方では青森県，岩手県，関東上信越地方では茨城県，千葉県，群馬県，栃木県，新潟県，

1. 鶏卵の生産と流通

中国地方では岡山県,広島県,九州地方では鹿児島県の 10 県であった.一方,従来の主要産地であった愛知県,宮城県,兵庫県,宮崎県は減少した.中でも兵庫県は,鳥インフルエンザ(AI)の影響で大手生産者が廃業したため,大幅な減少となった.

生産構造の変化でも述べたが,昭和 56 年以降,大規模養鶏が発展した要因として,高速道路網の整備に伴う長距離輸送の時間短縮,養鶏技術の進歩や鶏種改良もあるが,都市近郊の土地価格の高騰,および公害対策などの経済的・社会的制約を背景に,生産規模の拡大を図る上で,生産立地を地方に求めていったこともある.しかも鶏卵の生産コストの 62% 前後を占める飼料代を,いかに有利に購入して低減するかを追及する上で,飼料メーカーの地方進出が,必然的に鶏卵生産者の地方への移行を促進させたといえる.

わが国の主な飼料生産基地には,青森県の八戸飼料コンビナート,茨城県の鹿島飼料コンビナート,鹿児島県の志布志飼料コンビナートなどがある.

平成 6 年頃からの第二の変化は,バブルの崩壊による土地価格の安定と,サルモネラ中毒,狂牛病(BSE)および,鳥インフルエンザ(AI)の発生により,消費者の「食に対する安全・安心」を求める要望が高まり,新鮮さの追求(産卵後 1 日以内),生産者の顔が見える生産者表示などの,消費者ニーズに対応するため,消費地近郊での産地拡大となった.

この傾向は表 1.4 でもわかるよう,首都圏近郊の茨城県,千葉

表1.5 鶏卵のエリア別生産量

エリア	平成17年(トン)	平成5年(トン)	差(トン)	増減率(%)
北海道	106 067	115 948	−9 881	91
東 北	333 106	348 813	−15 707	95
関 東※	562 362	490 963	+71 399	115
上信越	165 594	178 446	−12 852	93
東 海	343 468	369 551	−26 083	93
関 西	121 392	186 375	−64 983	65
中 国※	287 298	259 760	+27 538	111
四 国	135 016	147 191	−12 175	92
九 州	401 737	479 673	−77 936	84
沖 縄※	24 960	20 964	+3 996	119
全 国	2 481 000	2 597 684	−116 684	96

※増加率が全国平均を上回るエリア.
(農林水産省「鶏卵流通統計」)

県の躍進が目覚しい.地域別でも表1.5のように,平成17／平成5年対比でみると,全国平均96％に対し,関東6都県は115％と大幅に伸びた.関西では先にも述べたが,兵庫県(鳥インフルエンザの影響)の減少を,岡山・広島両県がカバーし,関西地方65％,中国地方111％となっている.一方,昭和56年以降急速に拡大した九州地方は84％と,一転して減少傾向となった.

1.2 流通・消費動向

1.2.1 鶏卵の流通機構

鶏卵の流通については,農林水産省統計情報部の調査結果が発

1. 鶏卵の生産と流通

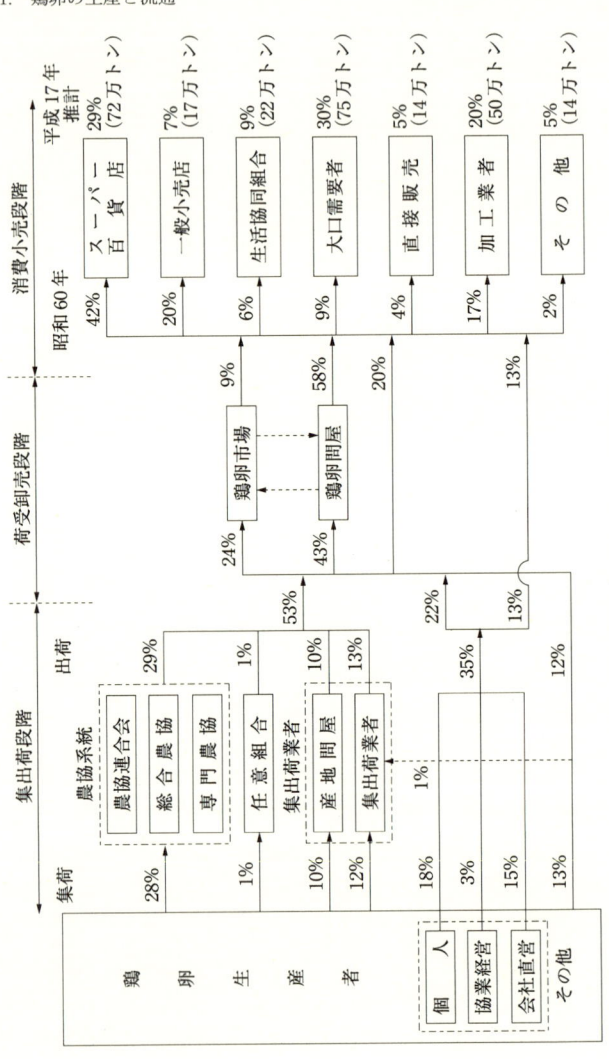

図 1.2 わが国の鶏卵の流通機構
(農林水産省統計情報部「鶏卵流通機構調査報告」昭和60年)

1.2 流通・消費動向

表されている．その内容（昭和60年発表）を図1.2に表した．最近のデータではないが，取扱い量の変化はあるものの，基本の構造は変わらないので，その概要を述べる．

　流通の経路を大別すると，「集出荷段階」，「荷受卸売段階」，「消費小売段階」に区分される．こうした流通の仕組みは，基本的に大きな変化はないが，それぞれの段階における流通機能は，大きく変化している．産地の大規模化が進んだ昭和60年と，その10年前を比較すると，農協系統の集荷割合が4％減，産地問屋の集荷業者が4％減と下がった反面，企業系列の集荷業者が7％増，会社直営農場からの直接出荷が同じく7％増と伸びている．一方，個人多量出荷業者が8％減と下がっているが，会社直営，企業系列化が進んだことによるものである．また，荷受卸売段階においては，鶏卵問屋の取扱い比率は22％の減と，大幅な低下となっている．

　このように，生産→集出荷→荷受けの段階において，生産農家から企業経営への移行が進み，直接出荷する形態が増えている．これは流通コストの低減のみならず，「産地直送」＝「新鮮さ」をセールスポイントとした，商品の差別化が大きな理由になっているものと思われる．この影響は，鶏卵問屋の取扱い量低下をもたらしたが，鶏卵は「生鮮食品」であり，かつ「相場商品」であることを考えると，問屋機能は取扱い量の面だけでなく，円滑な流通を維持するうえで，その機能には重要な役割があるといえる．

　消費小売段階をみると，昭和60年と比べ平成17年推計では，

1. 鶏卵の生産と流通

一般小売店の取扱いが20%から7％と大きく低下した．スーパーマーケットを中心とした量販店の取扱いは，昭和50年の28%から昭和60年42%と大きく伸びたが，平成17年推計では29%と後退している．この要因としては，大口需要家である外食産業（ファミリーレストラン・居酒屋・ホテルなど）の出現により，昭和60年9%から平成17年推計30%と大幅に伸び，相対的に量販店の比率が低下したことによるものである．なお，加工業者の比率は昭和60年17％が20%と微増である．

1.2.2 鶏卵の消費動向

鶏卵を含む畜産物の消費動向については，表1.6にみられるように，鶏卵の1人当たりの年間消費量は，昭和40年9.71 kgで

表1.6 畜産物の消費動向（1人当たり）

	鶏　　卵			精肉（牛肉・豚肉・鶏肉）		
	支出金額（円）	購入数量（kg）	単　価（円/kg）	支出金額（円）	購入数量（kg）	単　価（円/kg）
昭和40年	2 031	9.71	209	3 454	5.13	673
45	2 499	11.28	222	6 364	7.40	860
50	3 878	10.97	354	14 188	9.54	1 487
60	3 509	11.32	310	19 639	11.52	1 705
平成元年	2 697	11.25	240	19 541	11.62	1 682
5	2 590	11.11	233	19 720	11.71	1 684
10	2 681	10.50	255	18 869	11.55	1 634
15	2 468	10.16	243	16 851	11.14	1 513
16	2 610	9.57	273	17 256	11.22	1 538
17	2 734	9.87	277	17 385	11.44	1 520

（総理府「家計調査年報」）

あったが，以降 11 kg 前後で推移してきた．平成 15 年頃より，高齢化の影響が出始め，1 人当たりの消費量は 10 kg 台に減少してきた．その矢先に発生した鳥インフルエンザの影響で，平成 16 年には 9.57 kg と大きく落ち込んだが，翌年には回復している．しかし，これからさらに進む「少子高齢化」と「健康志向の高まり」の中，1 人当たりの消費量は伸びず，特殊卵に代表されるように，ますます「品質の追及」による差別化が進むと思われる．

一方，鶏卵の価格は，昭和 40 年を 100 とすると，平成 10 年 122，平成 17 年 133 であり，この間の精肉の平成 10 年 243，平成 17 年 226 に比べ安定しており，物価の優等生と言われるゆえんであろう．これもひとえに，養鶏業界，飼料業界および養鶏関連業界の努力の賜物である．なお，鶏卵の価格動向については 1.4 節の「価格形成」のところで詳しく触れる．

1.2.3 加工卵の流通動向

鶏卵の流通機構（図 1.2）で示したように，一般家庭で消費される鶏卵（テーブルエッグ）が，消費全体の 50〜60％を占めているとみられる．そして国内の需給調整役を果たしているのが，20％を占める製菓・製パンやマヨネーズに使用される加工卵としての用途であり，外食産業を中心とした業務用需要である．

加工卵の生産流通についてみると，商品形態として，①生液卵，②凍結卵（冷凍卵），③乾燥卵に分けられる．「生液卵」は，割

1. 鶏卵の生産と流通

卵した原料を所定の容器に詰め，チルド流通している商品で，需要家の注文に応じて年間通して生産されている．

「凍結卵」は，生液卵と同様に割卵した原料を所定の容器（主に5ガロン缶）に詰める．家庭消費の不需要期を中心に生産し，凍結保管した後，年末などの需要期に出荷される．凍結卵は，海外からも輸入されるが，国内では卵価の安くなる夏場に集中生産されている5ガロン缶と，年間平均して生産される外食業界向けの小型容器（ピュアパック・ピローなど）がある．

表1.7 加工卵の調査対象別生産量（トン）

製品	分類	専門業者	GPセンター	合計	合計の前年比
生液卵	全 卵	148 404	18 381	166 785	100.8
	卵 黄	11 447	0	11 447	101.0
	卵 白	31 427	0	31 427	106.5
	小 計	191 278	18 381	209 659	101.6
凍結卵	全 卵	13 740	6 429	20 169	100.6
	卵 黄	10 141	0	10 141	110.0
	卵 白	22 405	0	22 405	104.2
	小 計	46 286	6 429	52 715	103.9
乾燥卵	全 卵	0	0	0	0
	卵 黄	0	0	0	0
	卵 白	1 480	0	1 480	104.3
	小 計	1 480	0	1 480	104.3
合 計	全 卵	162 144	24 810	186 954	100.7
	卵 黄	21 588	0	21 588	105.1
	卵 白	55 312	0	55 312	105.5
	小 計	239 044	24 810	263 854	102.1

（全国液卵公社「平成15年加工卵流通調査」）

1.2 流通・消費動向

「乾燥卵」は，名前のとおり，割卵した原料をスプレードライなどの方法で乾燥させた商品で，乾燥全卵，乾燥卵白，乾燥卵黄などの商品があり，常温で流通している．

平成15年の加工卵生産量は，表1.7にみられるように約26万トンで，その種類別生産量は，生液卵21万トン，凍結卵53 000トン，乾燥卵1 500トンとなっている．専門業者と鶏卵規格格付包装施設（Grading and Packaging Center：GPセンター）とに分けてみると，専門業者の生産が全体の90％に当たる23万9 000トン，GPセンターは昭和62年の14％から10％と低下している．

一方，加工卵の販売動向については，表1.8にみられるように，生液卵の販売先別の構成比は，製菓・製パン業者が54％強を占め，専門業者，GPセンター共に50％を超えている．また食肉加工・練製品業者や調理給食業者への販売は，専門業者が12％に対し，GPセンターは2％にすぎない．GPセンターでは中間業者，専門業者への販売割合が高くなっている．これは，取引契約上の背景が関連していると思われる．

凍結卵の販売先別構成比は，生液卵と同様に製菓・製パン業者が35％を占めるが，その内訳は，専門業者が52％に対し，GPセンターは4％でしかない．一方，GPセンターの60％弱は中間業者に販売されている．すなわち，中間業者を通して，需要先の製菓・製パン業者や，その他に販売されている．このあたりが，フローの生液卵とストックのできる凍結卵の違いである．生

1. 鶏卵の生産と流通

表1.8 加工卵の製品別・販売先別販売量（平成15年）

(単位：トン、％)

製品	区分	販売先	中間業者	製菓・製パン業者	食肉錬製品業者	調理給食業	食者	加工専門業者	その他	計
生液全卵	専門業者	構成比(%)	6 436 / 7.2	49 211 / 55.0	11 042 / 12.3	10 291 / 11.5		12 200 / 13.6	330 / 0.4	89 510 / 100.0
	GPセンター	構成比(%)	2 735 / 15.1	9 094 / 50.3	479 / 2.7	405 / 2.2		4 580 / 25.4	771 / 4.3	18 064 / 100.0
	小計	構成比(%)	9 171 / 8.5	58 305 / 54.2	11 521 / 10.7	10 696 / 9.9		16 780 / 15.6	1 101 / 1.0	107 574 / 100.0
凍結全卵	専門業者	構成比(%)	2 117 / 16.4	6 727 / 52.1	1 487 / 11.5	1 034 / 8.0		1 500 / 11.6	57 / 0.4	12 922 / 100.0
	GPセンター	構成比(%)	4 161 / 59.3	285 / 4.1	645 / 9.2	104 / 1.5		1 527 / 21.8	293 / 4.2	7 015 / 100.0
	小計	構成比(%)	6 278 / 31.5	7 012 / 35.2	2 132 / 10.7	1 138 / 5.7		3 027 / 15.2	350 / 1.8	19 937 / 100.0
計	専門業者	構成比(%)	8 553 / 8.3	55 938 / 54.6	12 529 / 12.2	11 325 / 11.1		13 700 / 13.4	387 / 0.4	102 432 / 100.0
	GPセンター	構成比(%)	6 896 / 27.5	9 379 / 37.4	1 124 / 4.5	509 / 2.0		6 107 / 24.4	1 064 / 4.2	25 079 / 100.0
	小計	構成比(%)	15 449 / 12.1	65 317 / 51.2	13 653 / 10.7	11 834 / 9.3		19 807 / 15.5	1 451 / 1.1	127 511 / 100.0

(全国液卵公社「平成15年加工卵流通調査」)

液卵は，消費期限の短い日配商品のために，原価と売価の卵価相場変動リスクは小さいが，凍結卵は数カ月間保管するため，この間の卵価変動によるリスクを負うと同時に，資本力が必要で，おのずと資本の小さいGPセンターの取扱いは少なくなり，中間業者への販売による換金化が多くなる．凍結卵の販売価格は，販売する時期の国内卵価に影響され，低卵価になれば，販売価格も連動して安くなるリスクがある．逆に国内卵価が高騰して，販売価格が高くなれば，輸入凍結卵との競合が起こることもある．

いずれにしても，一般家庭消費が停滞していく中で，国内生産量の増減に伴う需給調整は，加工卵の生産増減で行われていると言っても過言ではない．

1.3 鶏卵の品質と規格

1.3.1 鶏卵の取引規格と規格検査

鶏卵の取引規格について，現在国内にあるのは，農林水産省が昭和40年2月に制定し，平成12年12月に改正した「鶏卵の取引規格」(29ページ参照)である．

この規格は，業界の取引に関する指導基準であり，業者間の実際の取引では，この規格を基本として，さらに細部にわたっての取決めがなされている．なお，平成12年12月の改正では，食品衛生法施行規則，および生鮮食品品質表示基準に基づき，表示内容の詳細が制定され，業者間のみならず，一般消費者の品質に対

1. 鶏卵の生産と流通

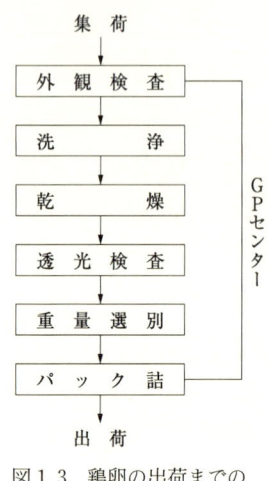

図1.3 鶏卵の出荷までの経路

する要望にも応えた.

「鶏卵の取引規格」は,その荷姿から①箱詰鶏卵規格,②パック詰鶏卵規格,③加工卵規格があり,鶏卵の品質区分は,①外観検査および透光検査した場合,②透光検査した場合,③割卵検査した場合と詳細に基準が制定されている.

以上のような規格検査について,最も消費の多いパック詰卵の検査工程,および検査項目を説明する.図1.3にみられるように,養鶏場から集荷した鶏卵は,GPセンターに集められ,外観検査により卵殻の亀裂の有無,卵殻表面の状態(汚れ・肌荒れなど),鶏卵の大きさ(極度の大小)などを選別する.その後,卵殻表面の洗浄,乾燥工程を経て,透光検査工程に送られる.透光検査(透光検卵)とは,暗室の中で鶏卵を回転させながら流し,下から光を当てて,前工程の外観目視検査で判別できなかった卵殻表面(微細な傷の有無),鶏卵内部(血斑の有無・腐敗・卵黄卵白の状態・気室の大小など)の検査を行う.その後,自動重量選別工程に送られ,鶏卵取引規格に基づく重量基準によって,LLからSSサイズおよび規格外サイズに分けられ出荷される.

鮮度の判定基準としては,一つに目視による方法がある.新鮮

な鶏卵ほど卵黄は丸く盛り上がり,卵黄を取り巻く濃厚卵白の比率が高い.これを数値で表す方法としては,ハウ単位が一般的に使用されている.ハウ単位とは,濃厚卵白の高さと鶏卵の重量との相関に基づいて,濃厚卵白の劣化度を数値化した係数である(第3章60ページ参照).

ハウ単位以外にも新鮮度をみる係数として,①卵白係数,②濃厚卵白百分率,③卵白評点,④卵黄係数,⑤卵黄偏心度などがある.鮮度検査の方法は多々あるが,鮮度の判定にあたっては,鶏種による違いや,ニワトリの月齢,飼料,季節による差もあり,必ずしも一定しないことに留意しなければならない.

1.3.2 鶏卵中の残留物質

農水畜産物については,その飼育過程において付与される物質が,ときには人体に悪影響を及ぼすケースが発生している[3].古くは,水俣病における有機水銀,農薬としてのDDT,工業薬品としてのPCBの問題が記憶に残されている.最近では,輸入の牛肉,豚肉,鶏肉から抗生物質,農薬などが検出され,社会的問題となっている.

こうした問題を規制する法律として,主なものに①食品衛生法,②飼料安全法,③薬事法などがある.例えば,鶏卵の生産にあたっては,薬事法において「食用動物に対する動物医薬品の使用規制」で詳細が定められている.

1.1節の「生産動向」で記したように,近年の養鶏産業は,小

1. 鶏卵の生産と流通

規模な農家養鶏から大規模な産業へと大きく転換しており,生産性の追及は年を追うごとに厳しくなり,コスト低減を求めて大規模化がいっそう進んでいる.ところが,大規模経営になるほど,鶏病の発生による被害の影響度が大きくなるため,鶏病の予防対策が,経営を左右する大きなポイントとなっている.しかし,鶏病の予防・治癒薬として使用される抗生物質などの動物薬が鶏卵に残留し,市場に出荷されることのないよう,法律に沿った使用基準を守ることが必要であり,「安全・安心な食品」としての鶏卵を消費者に提供することが,生産者に求められる重要な要素になるであろう.

平成18年5月からポジティブリスト制が施行された.従来の残留農薬等の規制の仕方は,ネガティブリスト制といって,原則自由で,「残留してはならないもの」を一覧表にして示すという方式だった.つまり,作物別に残留してはいけない農薬を決めていたため,一覧表に記載されていない農薬は,規制の範囲外となる.これに対して,ポジティブリスト制は,原則すべて禁止し,「残留をみとめるもの」のみを一覧表に示すという方式に変更された.

1.3.3 液卵および卵製品の微生物規格

従来,店頭で販売されているパック詰鶏卵,主として業務用に使用されている箱詰鶏卵,加工原料向けとして流通している生液卵・凍結卵などの商品生産過程は,食品製造施設ではなく,畜産

1.3 鶏卵の品質と規格

物の一次加工処理場として位置づけられていた．そのために食品衛生法に基づく許可基準の適用外とされてきた．

しかし，平成元年以降のサルモネラ食中毒（詳細は第9章）の増加が社会問題になり，平成10年11月に食品衛生法「食品，添加物等の規格基準」が改正された（35ページ参照）．その概要は，鶏卵を使用して，食品を製造，加工又は調理する場合，①使用する鶏卵の規格基準，②鶏卵の成分規格，液卵の菌数規格，③液卵の製造基準，④液卵の保存基準，⑤液卵の使用基準が細部にわたって法制化された．

一方，消費者への啓蒙活動として，同時期に「家庭における卵の衛生的な取扱いについて」の厚生省通知が出された．その中で「はじめに」と記された内容は以下のとおりである．

『卵は，良質のたんぱく質が多く，また，ビタミン，ミネラル等の各種の栄養素が含まれ，栄養価の高い食品で，我々の健康の維持・促進に大きく貢献しています．一方，栄養価が高いということは，その取扱いが悪ければ，食中毒を起こす細菌にとっても，自分を増殖させるための良好な環境となります．このため，厚生省では，卵によるサルモネラ等の食中毒を防止するため，生産から消費にいたるまで，卵を取扱う全ての人を対象とした総合的な衛生対策を推し進めることとしています．』

家庭で取扱う際に注意するポイントとして，①食品の購入，②家庭での保存，③下準備，④調理，⑤食事，⑥残った食品に沿って注意喚起を促している．

1. 鶏卵の生産と流通

そして，平成12年12月には「1.3.1　鶏卵の取引規格と規格検査」で述べたような改正へとつながった．

1.4　価　格　形　成

1.4.1　価格の周期変動

物価の優等生と呼ばれている鶏卵について，過去の価格変動を図1.4に示す．

昭和48年まで卵価は200円/kgを中心に，比較的穏やかな周期変動を繰り返してきたが，昭和48年10月に発生した第四次中東戦争による第一次オイルショック，および，昭和53年のイラン革命による第二次オイルショックに伴う飼料穀物や生産資材・

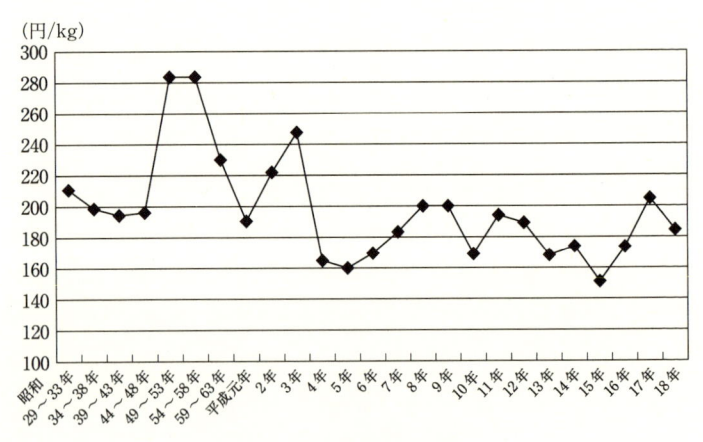

図1.4　鶏卵相場の推移

1.4 価格形成

流通コストの高騰により,鶏卵は大幅な価格上昇 (1.5倍) を示した.それでも,2～3倍に価格上昇した他の食品に比較すれば,低水準であった.

昭和60年のプラザ合意により,当時1ドル＝235円であった円相場は,翌年には1ドル＝120円台と急激な円高となり,その後平成7年の1ドル＝79円の最高値となった.この円高は,輸入に頼る飼料穀物の価格低下となり,一方,生産の大規模化に伴う合理化努力と相まって,卵価は180円/kgを中心に安定した範囲で推移している.ただし,昭和61年から平成3年まで続いたバブル景気の間は,平均215円/kgであった.

一方,1年間の価格変動として,図1.5にみられるような季節変動がある.この季節変動も,鶏卵の需給バランスに基づいている.卵価は春から夏にかけて安くなるが,この要因は,季候の良くなる春先から1羽当たりの産卵率が向上する反面,暑くなる夏場に向けて一般家庭の消費が減退し,供給過剰となるためである.逆に,秋から冬にかけて高くなるが,これは鍋物,丼物,クリスマスケーキなどに代表される食品の伸びによる需要増加のためである.

近年,鶏種の改良,飼養技術の進歩により,以前に比べ季節変動による生産量のバラツキは小さくなったが,鶏卵は生鮮食品として,家庭消費の比率が高いために,この需要の動きに大きく左右されてしまう.また最近の外食産業の伸長により,鶏卵使用の外食メニューによっても大きく左右される.一方,中国を中心と

1. 鶏卵の生産と流通

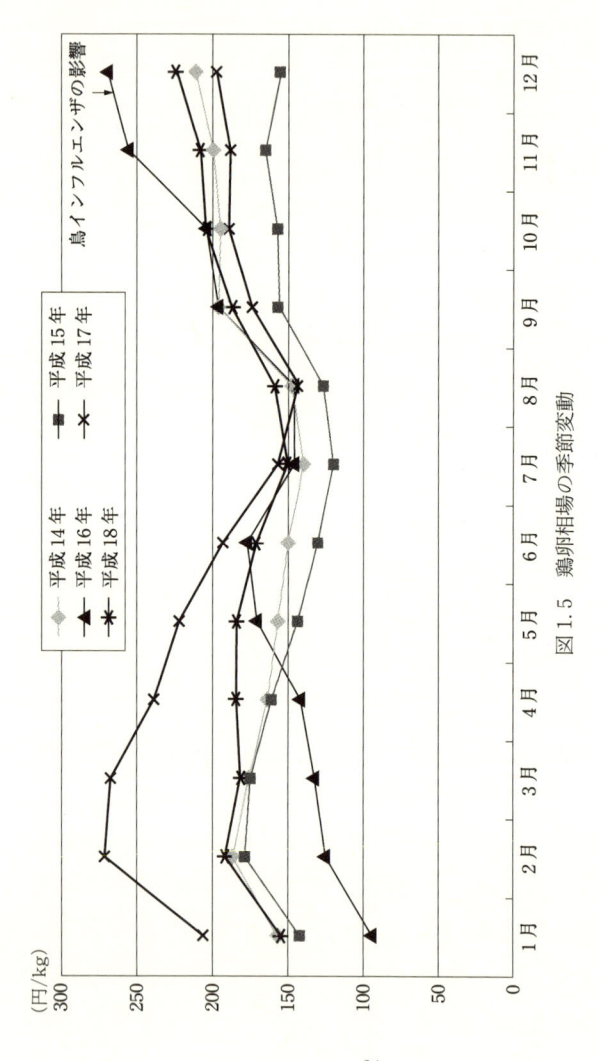

図 1.5　鶏卵相場の季節変動

したBRICs（ブラジル・ロシア・インド・中国）の台頭・地球温暖化に対応するバイオ燃料の普及から，トウモロコシなど飼料穀物の需要が急増し，穀物相場が急騰している．このことは，鶏卵生産コストの大半を占める飼料価格の高騰を招き，鶏卵価格にも影響を及ぼすことになる．

今後も，よほどの飼養技術の進歩，消費流通の構造変化，加工卵製造技術の向上などがない限り，この傾向は続くと考えられる．

1.4.2 価格の決め方（形成）

このように変化する卵価（鶏卵価格）は，どのように形成されているかというと，各地にある鶏卵荷受機関（鶏卵問屋，鶏卵市場）が，それぞれの市場の需給動向を勘案して発表する相場（卵価）を基準に，加工・小売業者と生産・集荷業者の間で取引されている．魚市場や青果市場などで見受けられる，現物を前にしたセリによる相対取引とは異なっている．

代表的な荷受機関としては，日本経済新聞の商品取引欄に記載されている全農（全国農業共同組合連合会）系列の各荷受機関（東京，横浜，名古屋，大阪，福岡）と，東京鶏卵，東洋キトクフーズ（旧東洋鶏卵），大阪鶏卵などがある．ちなみに前者は「系統」，後者は「商系」と呼ばれている．

なお平成11年11月より「中部商品取引所」では，「鶏卵」の先物取引が開始された．

1. 鶏卵の生産と流通

1.4.3 価格の安定制度

価格形成については，以上のような需給バランスに基づくものの他に，国内生産者の保護および価格安定を図るために，行政による価格変動に対する施策が講じられている．その根幹を成す施策としては，「価格補てん制度」と「需給調整制度」の二つがある．

前者の「価格補てん制度」としては，昭和 40 年発足の「卵価安定基金制度」と，昭和 50 年発足の「配合飼料価格安定基金制度」がある．両制度とも，生産者および関係団体が一定額を積み立て，これに国が出資して基金を構成している．例えば，毎年度ごとに，基準価格（卵価安定基金基準価格）を定め，実際の卵価

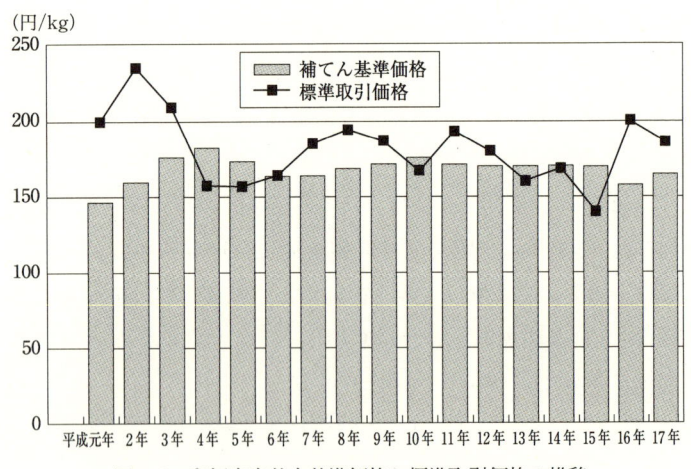

図 1.6　卵価安定基金基準価格と標準取引価格の推移

1.4 価格形成

表1.9 卵価安定基金の補てん状況（平成15年度）

平成15年度	補てん基準価格	標準取引価格	補てん価格
15年4月	168	146.86	19
5月	↓	137.50	27
6月		129.71	34
7月		123.28	40
8月		134.09	30
9月		164.31	3
10月		155.91	10
11月		157.93	9
12月		149.17	16
16年1月		94.47	10(66)
2月	↓	139.20	0(25)
3月	168	135.91	0(28)

※平成16年1月～3月は卵価安定基金が渇枯したため（ ）内の補填できず．

が基準価格を下回った場合，その差額を基金から支給し，収入を補てんすることで，生産者の経営基盤の安定化を図っているものである．

平成元年以降の卵価安定基金基準価格と標準取引価格の推移を図1.6に示す．その中で，補てん基準価格を大きく下回った平成15年度の月別補てん実績を表1.9に示した．補てん単価は，(補てん基準価格−標準取引価格)×0.9（円未満切捨て）で算出される．平成16年1月から3月は，3年連続の補てんのため基金が底をつき，本来の補てん価格（カッコ内表示）が補てんできず，1月10円/kg，2・3月は0円となった．

後者の「需給調整制度」は，生産段階では「生産調整」，集荷

段階では「調整保管」，卸売段階では「㈱全国液卵公社」があった．

「生産調整」は，「1.1　生産動向」で記したように，昭和 56 年「畜産局長通達」による「鶏卵の計画生産」（国内の飼養羽数の制限）が推進されたが，平成 3 年行政による「計画生産」は撤廃され，業界の規制に委ねられた．

「調整保管」，「㈱全国液卵公社」とは，不需要期に鶏卵価格の暴落を防止するために，鶏卵を一時的に市場から隔離し需給バランスを取り，鶏卵価格の安定を図る制度で，「調整保管」は，畜産振興事業団の管理下で実施され，殻付き鶏卵の状態で保管される．しかし鶏卵の長期保管は技術的に難しく，また生鮮食品として鮮度が重視されることから，保管数量面での制約が生ずる．そのため，調整保管した鶏卵を割卵し，加工用原料（凍結液卵や乾燥卵）として保管することも併行して行われる．

㈱全国液卵公社が，主として後者の役割を果たしていた．しかし近年の規制緩和の流れ，および鶏卵の需給安定が進む中，㈱全国液卵公社は，平成 19 年 4 月に解散となりその役目は終わった．

文　献

1) 松尾乾之, "畜産経済論", お茶の水書房 (1978).
2) 野見山醇, 養鶏時報, No.4 (1988).
3) 佐藤　泰編, "食卵の科学と利用", 地球社 (1980).

鶏卵の取引規格（箱詰鶏卵規格）

平成 12 年 12 月 1 日改正

1. 種類は，次の基準により LL, L, M, MS, S 及び SS とする．

種類	基　準
LL	包装中の鶏卵1個の重量が，70 グラム以上 76 グラム未満であるもの
L	包装中の鶏卵1個の重量が，64 グラム以上 70 グラム未満であるもの
M	包装中の鶏卵1個の重量が，58 グラム以上 64 グラム未満であるもの
MS	包装中の鶏卵1個の重量が，52 グラム以上 58 グラム未満であるもの
S	包装中の鶏卵1個の重量が，46 グラム以上 52 グラム未満であるもの
SS	包装中の鶏卵1個の重量が，40 グラム以上 46 グラム未満であるもの

2. 等級は，種類ごとに次の基準により特級，1級，2級とする．

		特　級	1　級	2　級
等級・品質		包装中に特級の品質の鶏卵が個数で80％以上あり，かつ，それ以外は1級品質の鶏卵であるもの．	包装中の鶏卵がすべて1級の品質以上であるもの．	包装中の鶏卵がすべて2級の品質以上であるもの．
正味重量		10 キログラム		
容器・材質	外装	外箱は，ダンボール製とし，その丈夫さが JIS 一種破裂度 8.8 以上であり，かつ，新箱であるか，または清潔で外形美を失わないもの		
	内装	卵座式であり，清潔で弾力性があり，かつ強いもの （＊補足説明：下記の容器寸法は，外側の長さを示すものである）		
	寸法	種　類	縦 (cm)	横 (cm)	高さ (cm)

種　類	縦 (cm)	横 (cm)	高さ (cm)
4 A 型	50.0	25.0	27.0
4 B 型	46.0	30.0	23.0
3 型	49.0	30.5	21.5

1. 鶏卵の生産と流通

【備考】(ア) 容器の外装は,古箱を使用する場合は,出荷者固有の商標入りのものとする
(イ) 内装の項で,卵座式とは,フラット又はトレイをいう.
(注)(1) 鶏卵の個体の品質の区分は,外観検査,透光検査,又は割卵検査した場合の鶏卵の各部分の状態によって,次のように特級,1級,2級及び級外に区分する.
この場合の検卵方法は,通常外観検査及び透光検査によるものとし,割卵検査は,透光検査によっては判断し難い場合に行うものとする.

事項・等級		特 級	1 級	2 級	級 外
外観検査した場合及び透光検査	卵殻	卵円形,ち密できめ細かく,色調が正常なもの 清浄,無傷,正常なもの	いびつ,粗粒,退色などわずかに異常のあるもの 軽度汚卵,無傷なもの	奇形卵 著しく粗雑なもの 軟卵 重度汚卵,液漏れのない破卵	カビ卵 液漏れのある破卵 悪臭のあるもの
透光検査した場合	卵黄	中心に位置し,輪郭はわずかに見られ,扁平になっていないもの	中心をわずかにはずれるもの 輪郭は明瞭であるもの やや扁平になっているもの	相当中心をはずれるもの 扁平かつ拡大したもの 物理的理由によりみだれたもの	腐敗卵 孵化中止卵 血玉卵 みだれ卵 異物混入卵
	卵白	透明で軟弱でないもの	透明であるが,やや軟弱なもの	軟弱で液状を呈するもの	
	気室	深さが4ミリメートル以下でほとんど一定しているもの	深さが8ミリメートル以下で若干移動するもの	深さが8ミリメートルを超えるもので大きく移動するもの	
割卵検査した場合	拡散面積	小さなもの	普通のもの	かなり広いもの	—
	卵黄	円く盛り上がっているもの	やや偏平なもの	扁平で卵黄膜の軟弱なもの	—
	濃厚卵白	大量を占め,盛り上がり,卵黄をよく囲んでいるもの	少量で,扁平になり,卵黄を充分に囲んでいないもの	ほとんどないもの	—
	水様卵白	少量のもの	普通量のもの	大量を占めるもの	—

鶏卵の取引規格（箱詰鶏卵規格）

【備考】(ア) 1級の軽度汚卵は，汚卵（ふん便，血液，卵内容物，羽毛等で汚染されているもの.）で，洗浄後汚れが残らないもの又は汚れの痕跡にとどまるもの.
(イ) 2級の軟卵は，卵殻膜は健全であり，かつ，卵殻が欠損し，又は希薄であるもの.
(ウ) 2級の重度汚卵は，洗浄しても汚れの残る汚卵.
(エ) 2級の破卵は，
①：透光検査で発見されるひびのあるもの.
②：卵殻は破れているが卵殻膜は正常のもの.
③：卵殻及び卵殻膜が破れているもの.
(オ) 級外の破卵は，卵殻膜が破れ液漏れしているもの.
(カ) 級外の血玉卵は，肉眼により明らかに多量の血液の混入が確認できるもの.
（例えば，血塊混入，血液拡散がみられるもの.）ただし，米粒程度のものは，血斑卵であり，級外の血玉卵とは異なる.
(キ) 級外のみだれ卵は，卵黄が潰れているもの. ただし，物理的な理由によるものは除く.
(ク) 透光検査については，有色卵は白玉卵に比較し内容物の確認が一層困難であることから，検卵機通過速度を緩め検卵精度を上げる等の措置を行うものとする.
(ケ) 等級の区分については，気室に関する事項を除いては，その制度基準は標準品の設定等により，検卵者の見方の統一を図り，格付けの公正を期するものとする.
(コ) 気室の深さについては，実際にその深さを測定することは困難であるので，検卵者の目測によるものとし，その訓練を行うものとする. また，気室は，まま横にある場合もあるので，その場合は正常の位置に準じて判定するものとする.
(サ) 血玉卵，異物混入卵等は，透光検査でなければ判定できない. したがって，格付けにあたっては必ず透光検査を実施するのが適当である.
(注) (2) 格付け基準は，消費地における荷受時の品質判定基準となっているので，格付けする場合は，輸送の距離及び時間などによる品質の低下を考慮に入れて格付けするものとする.
(注) (3) 卵殻の表面に日付け等を印刷または貼付したもの及びコーティング処理を施したものについては，規格格付けの対象としない.

3. 名称，原産地等については，食品衛生法施行規則（昭和23年7月13日厚生省令第23号）及び生鮮食品品質表示基準（平成12年3月31日農林水産省告示第514号）に基づき次のよう

1. 鶏卵の生産と流通

に表示するものとする．

（1）名　称

その内容を表す一般的な名称を記載すること．

（2）原産地

国産品にあっては国産である旨を，輸入品にあっては原産国名を記載すること．

ただし，複数の原産国のものを混合した場合にあっては箱詰鶏卵又はパック詰鶏卵に占める重量の割合の多いものから順に記載すること．

（3）生食用であるかないかの別

食品衛生法による生食用の殻付き鶏卵（以下「生食用鶏卵」という.）か食品衛生法による加熱加工用の殻付き鶏卵（以下「加熱加工用鶏卵」という.）かの別を記載すること．

なお，生食用鶏卵にあっては，「生で食べる場合は賞味期限内に使用し，賞味期限経過後なるべく早く，充分に加熱調理する必要がある」旨の表示でも差し支えない．

（4）賞味期限の文字を冠した年月日

加熱加工用鶏卵にあっては，賞味期限の代わりに産卵日，採卵日，格付け日又は包装日を記載することができる．

（5）採卵した施設又は選別包装した施設の所在地（輸入品にあっては，輸入業者の営業所の所在地）及び採卵又は選

別包装を行った者(輸入品にあっては,輸入業者)の氏名を記載すること.

(6) 保存方法(食品衛生法で定められている基準に合う方法)

生食用鶏卵にあっては,特に家庭又は飲食店営業者等直接消費者に生食用鶏卵を用いて客に料理等を提供する者に対して10℃以下で保存することが望ましい旨を記載する.

(7) 飲食に供する際に加熱を要するかどうか

生食用鶏卵にあっては,賞味期限経過後は飲食に供する際に加熱殺菌を要する旨を,加熱加工用鶏卵にあっては,飲食に供する際に加熱殺菌を要する旨をそれぞれ記載すること.

4. 箱詰鶏卵の表示は,次の様式によるものとする.

箱詰鶏卵の表示例(生食用の鶏の殻付き卵の場合)

農林水産省規格	等 級 ○○	種 類 ○○	重 量 10 kg詰
名　　称	鶏卵		
原 産 地	○○		
賞味期限	年月日		
採卵者又は選別包装者住所	○○県○○市○○町○○番地		
採卵者又は選別包装者氏名	○○養鶏場又は○○ GP センター		
保存方法	お買い上げ後は冷蔵庫(10℃以下)で保存して下さい.		
使用方法	生で食べる場合は,賞味期限内に使用し,賞味期限経過後及び殻にヒビの入った卵を飲食に供する際は,なるべく早目に,充分加熱調理してお召し上がり下さい.		

1. 鶏卵の生産と流通

【備考】 (ア) 輸入鶏卵にあっては，輸入業者の営業所所在地及び輸入業者の氏名を表示する．
(イ) 加熱加工用鶏卵にあっては，次のとおりとする．
①賞味期限の欄には，代わりに産卵日，採卵日，格付け日又は包装日を記載することができる．
②使用方法の欄には，加熱加工用と明記するとともに，飲食に供する際に加熱殺菌（70℃，1分以上）を要する旨を記載すること．
(ウ) 商標，宣伝等の表示は，規格表示の部分と明確に区分して行う．
(エ) 表示書及び活字の大きさは，規格表示が明確にわかる大きさとする．また，名称及び原産地については，第5の2の(6)の規定により定められた大きさとする．
(オ) 採卵者又は選別包装者については，箱詰鶏卵出荷者も含まれる．

食品,添加物等の規格基準(抜粋)

平成 10 年 11 月 25 日改正

第1 食 品

A 食品一般の成分規格(略)

B 食品一般の製造,加工及び調理基準

1〜3 (略)

4 食品の製造,加工又は調理に使用する鶏の殻付き卵は,食用不適卵(腐敗している殻付き卵,カビの生えた殻付き卵,異物が混入している殻付き卵,血液が混入している殻付き卵,液漏れをしている殻付き卵,卵黄が潰れている殻付き卵(物理的な理由によるものを除く.)及びふ化させるために加温し,途中で加温を中止した殻付き卵をいう.以下同じ.)であってはならない.

鶏の卵を使用して,食品を製造,加工又は調理する場合は,その食品の製造,加工又は調理の工程中において,70℃で1分間以上加熱するか,又はこれと同等以上の殺菌効果を有する方法で加熱殺菌しなければならない.但し,品質保持期限を経過していない生食用の正常卵(食用不適卵,汚卵(ふん便,血液,卵内容物,羽毛等により汚染されている殻付き卵をいう.以下同じ.),軟卵(卵殻膜が健全であり,かつ,卵殻が欠損し,又

は希薄である殻付き卵をいう．以下同じ．）及び破卵（卵殻にひび割れが見える殻付き卵をいう．以下同じ．）以外の鶏の殻付き卵をいう．以下同じ．）を使用して，割卵後速やかに調理し，かつ，その食品が調理後速やかに摂取される場合及び殺菌した鶏の液卵（鶏の殻付き卵から卵殻を取り除いたものをいう．以下同じ．）を使用する場合にあっては，この限りでない．

C 食品一般の保存基準（略）

D 各 条
○ 食鳥卵
1 食鳥卵の成分規格
（1）一般規格

次の表第1欄に掲げる食鳥卵は，同表の第2欄に掲げる物をそれぞれ同表の第3欄に定める量を超えて含有するものであってはならない．

第1欄	第2欄	第3欄
鶏の卵	オキシテトラサイクリン フルベンダゾール	0.20 ppm 0.40 ppm

（2）個別規格

1. 殺菌液卵（鶏の液卵を殺菌したものをいう．以下同じ．）はサルモネラ属菌が検体25gにつき陰性でなければならない．

食品，添加物等の規格基準（抜粋）

2．未殺菌液卵（殺菌液卵以外の鶏の液卵をいう．以下同じ．）は，細菌数が検体1gにつき1,000,000以下でなければならない．

2　食鳥卵の成分規格の試験法（略）

3　食鳥卵（鶏の液卵に限る）の製造基準

（1）一般基準

鶏の液卵は，次の基準に適合する方法で製造しなければならない．

1．製造に使用する鶏の殻付き卵（以下「原料卵」という．）は，食用不適卵であってはならない．

2．原料卵は，正常卵，汚卵並びに軟卵及び破卵に選別された状態で取り扱わなければならない

（2）個別基準

1．殺菌液卵

殺菌液卵は，次の基準に適合する方法で製造しなければならない．

a　製造に使用する汚卵，軟卵及び破卵は，搬入後24時間以内（8°以下で保存する場合にあっては，72時間以内）に割卵し，加熱殺菌しなければならない．

b　製造に使用する正常卵を搬入後3日以上保存する場合は，8°以下で保存し，できるだけ速やかに割卵しなければならない．

c　製造に使用する汚卵は，洗浄するとともに，150 ppm以

1. 鶏卵の生産と流通

　　上の次亜塩素酸ナトリウム溶液により殺菌するか，又はこれと同等以上の殺菌効果を有する方法で殺菌しなければならない．

　d　原料卵を洗浄する場合は，汚卵と区別して，割卵の直前に飲用適の流水で行わなければならない．

　e　割卵から充てんまでの工程は，一貫して行わなければならない．

　f　割卵には，清潔で洗浄及び殺菌の容易な器具を用いなければならない．

　g　機械を用いて割卵する場合は，遠心分離方式及び圧搾方式で行ってはならない．

　h　割卵に用いる設備（卵殻のろ過を行う場合にあっては，ろ過に用いる設備を含む．）は，作業終了後及び作業中に定期的に清掃し，及び殺菌しなければならない．

　i　誤って食用不適卵を割卵した場合は，直ちに，当該食用不適卵が混入した鶏の液卵を廃棄するとともに，割卵に用いた器具を洗浄し，及び殺菌しなければならない．

　j　殺菌前の鶏の液卵は，割卵後速やかに冷却装置のある貯蔵タンクへ移し，8°以下に冷却しなければならない．ただし，割卵後直ちに殺菌する場合にあっては，この限りでない．

　k　殺菌前の鶏の液卵を8時間以上貯蔵する場合は，割卵後速やかに5°以下に冷却しなければならない．

食品，添加物等の規格基準（抜粋）

1 鶏の液卵は，次に掲げる方法又はこれらと同等以上の殺菌効果を有する方法で加熱殺菌しなければならない．

① 鶏の液卵（加糖し，又は加塩したものを除く．②においても同じ．）を連続式により加熱殺菌する場合にあっては，次の表の第1欄に掲げる種類の区分に応じ，同表の第2欄に掲げる温度により，3分30秒間以上加熱殺菌すること．

第1欄	第2欄
全　卵	60°
卵　黄	61°
卵　白	56°

② 鶏の液卵をバッチ式により加熱殺菌する場合にあっては，次の表の第1欄に掲げる種類の区分に応じ，同表の第2欄に掲げる温度により，10分間以上加熱殺菌すること．

第1欄	第2欄
全　卵	58°
卵　黄	59°
卵　白	54°

③ 加糖し，又は加塩した鶏の液卵を加熱殺菌する場合にあっては，次の表の第1欄に掲げる種類の区分に応じ，同表の第2欄に掲げる温度により，3分30秒間以上連続式により，加熱殺菌すること．

1. 鶏卵の生産と流通

第1欄	第2欄
卵黄に10%加塩したもの	63.5°
卵黄に10%加糖したもの	63.0°
卵黄に20%加糖したもの	65.0°
卵黄に30%加糖したもの	68.0°
全卵に20%加糖したもの	64.0°

m 鶏の液卵は，加熱殺菌後直ちに8°以下に冷却しなければならない．

n 冷却後，鶏の液卵を容器包装に充てんする場合は，微生物汚染が起こらない方法により，殺菌した容器包装に充てんし，直ちに密封しなければならない．

2. 未殺菌液卵

未殺菌液卵は，次の基準に適合する方法で製造しなければならない．

a 製造に使用する汚卵，軟卵及び破卵は，搬入後速やかに割卵しなければならない．

b 製造に使用する正常卵を搬入後3日以上保存する場合は，8°以下で保存し，できるだけ速やかに割卵しなければならない．

c 製造に使用する汚卵は，洗浄するとともに，150 ppm以上の次亜塩素酸ナトリウム溶液により殺菌するか，又はこれと同等以上の殺菌効果を有する方法で殺菌しなければならない．

食品，添加物等の規格基準（抜粋）

   d 原料卵を洗浄する場合は，汚卵と区別して，割卵の直前に飲用適の流水で行わなければならない．

   e 割卵から充てんまでの工程に用いる設備は，作業の前後及び1ロットの原料卵を処理するごとに，又は作業中に定期的に清掃し，殺菌しなければならない．

   f 割卵には，清潔で洗浄及び殺菌の容易な器具を用いなければならない．

   g 機械を用いて割卵する場合は，遠心分離方式及び圧搾方式で行ってはならない．

   h 誤って食用不適卵を割卵した場合は，直ちに，当該食用不適卵が混入した鶏の液卵を廃棄するとともに，割卵に用いた器具を洗浄し，及び殺菌しなければならない．

   i 割卵から充てんまでの工程で，鶏の液卵の温度が上昇しないように適切に温度管理を行わなければならない．

   j 鶏の液卵は，割卵後速やかに8°以下に冷却しなければならない．

   k 冷却後，鶏の液卵を容器包装に充てんする場合は，微生物汚染が起こらない方法により，殺菌した容器包装に充てんし，直ちに密封しなければならない．

4　食鳥卵（鶏の液卵に限る．）の保存基準
（1）鶏の液卵は，8°以下（鶏の液卵を冷凍したものにあっては，－15°以下）で保存しなければならない．

1. 鶏卵の生産と流通

（2）製品の運搬に使用する器具は，洗浄し，殺菌し，及び乾燥したものでなければならない．
（3）製品の運搬に使用するタンクは，ステンレス製のものであり，かつ，定置洗浄装置により洗浄し，及び殺菌する方法又はこれと同等以上の効果を有する方法で洗浄し，及び殺菌したものでなければならない．

5　食鳥卵（鶏の殻付き卵に限る．）の使用基準

　鶏の殻付き卵を加熱殺菌せずに飲食に供する場合にあっては，品質保持期限を経過していない生食用の正常卵を使用しなければならない．

2. 鶏卵の成分と栄養

2.1 はじめに

卵およびその加工品が食品として愛好されるのは，その泡立ち性，乳化性，熱凝固性などの調理に適した特性にもよるが，その好ましい風味，色などとともに，栄養価が非常に高いということによるところが大きい．今は値段が安いためそのようなことはなくなったが，昔は病気見舞いに鶏卵というのも珍しいことではなかった．卵1個の中には鶏胚がヒナに成長するまでの一切の栄養分が含まれているのである．

ここでは鶏卵の構造，組成，栄養などについて述べるとともに，栄養学的に誤った俗説といったものにも触れてみたい．

2.2 鶏卵の構造

図2.1に鶏卵の構造を示すが，外側から卵殻，卵白，卵黄の三つに大別される．

2. 鶏卵の成分と栄養

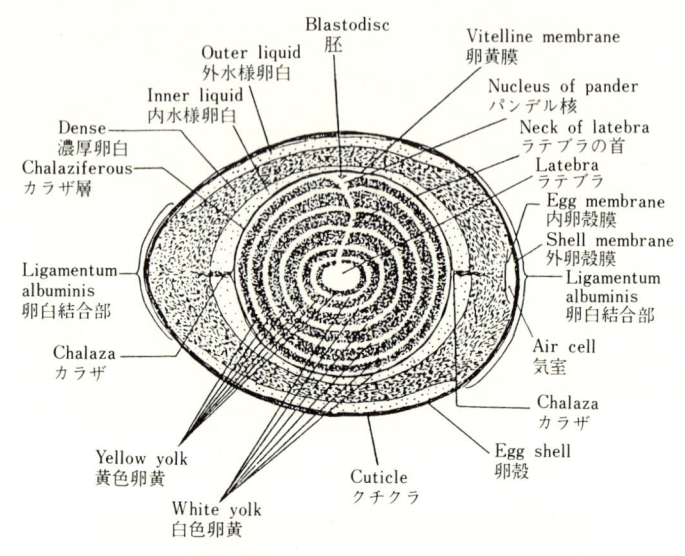

図2.1 鶏 卵 の 構 造

2.2.1 ク チ ク ラ

クチクラは卵殻の外側を 0.01～0.05 mm の厚さで薄い膜状に覆っている．クチクラの付いている新鮮な卵はザラザラした感じで光沢がないが，洗卵などでこれが失われると表面に光沢が生じてくる．卵殻に存在する無数の微細な気孔をふさぐ役目をしており，卵の呼吸は許すが微生物の侵入を防いでいる．主としてオボムシンと呼ばれる糖タンパク質より成り，微量の色素，脂肪などをも含む．

2.2.2 卵　　殻

卵殻は主として炭酸カルシウムより成り，卵の内容物を保護している．厚さは 0.2〜0.35mm であるが，ニワトリの品種，月齢，季節，飼育条件などによって異なる．飼料中の無機成分，ビタミンなどの不足によっても薄くなるが，冬期には厚くなり夏期には薄くなる．卵殻には多数の細かい孔があり，一種の呼吸孔であって，これを通して卵の胚の呼吸に必要な酸素を補給し，内部に生じた炭酸ガスを放出するとともに，水分の調節作用も行う．気孔の数は鈍端部に多く，鋭端部には少ない．写真 2.1 は卵殻上の気孔の状態をメチレンブルーで染めて，この孔をわかりやすく示したものである．

写真 2.1　卵殻上の気孔の分布

卵には卵殻の色が白い普通の卵と，褐色の茶玉，赤玉といわれる褐色卵とがあるが，後者の殻にはオーロダイン，プロトポルフィリンといった色素が含まれている．これはニワトリの品種によ

って違うものであって，例えばレグホン，ミノルカ，アンダルシヤなどは白色卵を，コーチン，ブラーマ，ランシャンなどは褐色卵を産む．よく褐色卵の方が栄養価が高いようにいわれているが，外観的な稀少価値だけであって，品質的には特に両者に差はない．卵殻が厚くてその比率が大きいことは，卵黄，卵白などの歩留りが低くなることにも通ずるが，集卵，洗卵，包装，輸送などの過程における破卵の発生を抑える利点がある．したがって，一般には卵殻の厚い方が良い卵とされる．写真2.2は卵殻の厚みを測定しているところを示す．

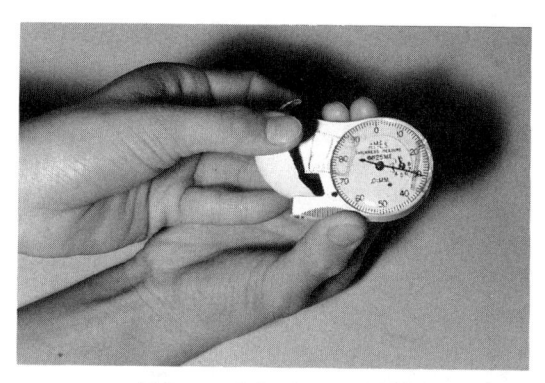

写真2.2 卵殻の厚みの測定器

2.2.3 卵 殻 膜

卵殻膜は内外2層から成り，厚さは2枚あわせて0.05〜0.09mmである．ケラチンの芯と糖タンパク質(グリコプロテイン)

の覆いでできた繊維より成っている．この膜も卵内部への細菌の侵入をある程度防いでいる．

2.2.4 気　　室

気室は産卵後，卵が冷えると卵内容物が収縮して鈍端部の卵殻と卵殻膜の間に生じる空気の部分である．卵が古くなると内容物の水分が蒸発するため，気室は少しずつ大きくなってくる．位置は必ずしも鈍端部ではなく，多少ずれてくることもある．

2.2.5 卵　　白

卵白は卵殻膜の内部にあり，均一なものではなく4層になっており，外水様卵白，濃厚卵白，内水様卵白，カラザ層などから成っている．濃厚卵白がこのうち約57%を占める．このほかに卵

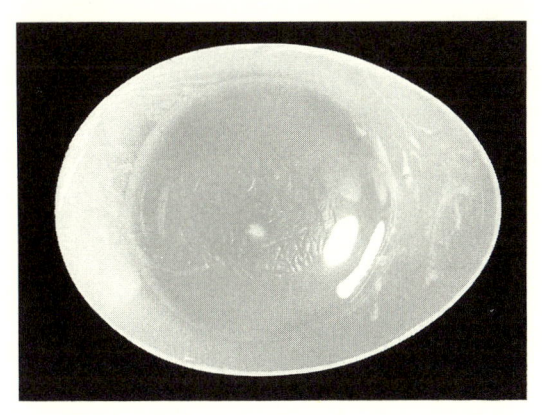

写真2.3　鶏卵の内部，胚が常に上を向いている．

白中にはカラザが存在し,これは卵の鋭端部と鈍端部に伸びる2本のらせん状のものであって,オボムシンの繊維の集合体である.カラザは卵が回転しても卵黄の胚盤が常に上方に位置し,また卵黄が卵の中央に来るよう調節する役目を果たしている(写真2.3).

このような働きがあるので,生の卵を回転させようとしても,内部に抵抗を生じるため,すぐに卵は止ってしまう.しかし,ゆで卵にすると内部は固まってしまうため,回転させるとよく回るので,生卵とゆで卵の区別は簡単にできる.

2.2.6 卵　　黄

卵黄は外側を卵黄膜で包まれ,中心部にはラテブラが存在し,これは加熱しても完全には凝固しない.ラテブラからはラテブラの首といわれる細い管が上方に伸びていて,卵黄の表面中央の胚盤に連なっている.卵黄も均一なものではなく,黄色の濃い黄色卵黄と黄色の薄い白色卵黄が交互に層を成し,通常は6層ずつになっている.

2.3　鶏卵の形状

2.3.1　鶏卵の大きさ

鶏卵の大きさは50gから60gのものが多いが,小は30g台から大は80g台まである.これはニワトリの品種,月齢,産卵の

季節,ニワトリの個体差,飼料の質などによって異なる.ダークブラーマのような大きな肉用鶏では平均70g近くもあり,チャボでは30g程度にすぎない.採卵用の白色レグホンでは約58gである.産卵開始後の若いニワトリから産まれたものは小さく,月齢を経るにつれて大きくなり,産卵開始後2～4年間に一番大きな卵を産む.また5～7月には卵重は小さくなり,12～1月には大きくなる傾向にある.

鶏卵の大きさはその商品価値にも影響するので,一般家庭向けにはあまり大きいものや小さいものは敬遠される.大量の鶏卵を処理する鶏卵加工場においても,サイズに大小があると,割卵機にうまくかからないため敬遠されるが,価格や能率の面から大きい卵が処理されたり,あるいは最終的に個数売りされる商品を作るのに小型卵が処理される場合もある.卵の包装場では検卵,洗卵の後,重量選別機によって重量別にグループ分けしてパック詰にする.わが国の鶏卵取引規格ではLL 70～76g,L 64～70g,M 58～64g,MS 52～58g,S 46～52g,SS 40～46gというように6g刻みの6段階に分けている.需要はMサイズが最も多く,次いでL,MSの順であり,1kg当たりの値段も大体その順になっている.この3ランクでほぼ7～8割を占めているが,卵重は年々少しずつ大きくなる傾向にある.

2.3.2 鶏卵の大きさと卵黄,卵白,卵殻の比率

家庭で卵が使われるときには卵黄,卵白,卵殻の比率などはあ

2. 鶏卵の成分と栄養

まり問題にならないが,工業的にマヨネーズ用,製菓用や練り製品用にとか,卵黄と卵白を分ける場合には,これらの比率は採算にある程度影響してくるし,また全卵(卵黄と卵白を混ぜたもの)にする場合でも,卵殻の比率が大きいと歩留りが低下する.一般家庭では卵1個あるいは1kgの値段は問題になっても,その中の卵黄がいくら,卵白がいくらと分けて考えはしない.

しかし,工業的に卵黄と卵白を分けている所では,それぞれの歩留りや値段が問題となる.卵黄,卵白の1kg当たりの値段は,もちろんそのときの需要と供給の関係により一定ではないが,通常は卵黄の方が卵白の3〜4倍はする.それは卵黄,卵白の脂肪量,タンパク量などから計算されるよりは市場の需給関係に左右されるが,大ざっぱにみて固形分的な見方と合致している.つまり卵黄は卵白の約4倍の固形分をもっているので,4倍の単価だといえば大体納得がゆく.したがって鶏卵の単価が同じであれば,卵黄の比率が大きく,かつ卵殻の比率が小さいものが採算的に有利である.

図2.2[1]は40gから80gまでの鶏卵を5g刻みの区分に分けて,卵黄,卵白,卵殻の比率を示したものである.このデータでは,卵殻は残った卵白をロール紙で拭き取った後の重量,卵黄は付着した卵白をロール紙上に転がして吸い取った後の重量を測ったものであり,工業的に割卵,分離を行った場合とは若干違っている.この図からわかるように,鶏卵の大きさによって卵黄,卵白,卵殻の比率にはかなりの差違がある.卵重の小さいほど卵殻

2.3 鶏卵の形状

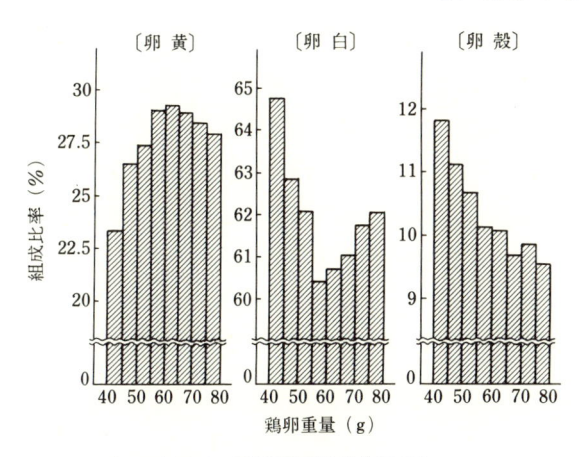

図2.2 鶏卵重量別組成比率[1]

の比率が大きく，内容物の比率が小さい．逆に卵重が大きいほど卵殻の比率が小さく，内容物の比率が大きい．また卵黄の比率が最も高いのは 55～70g の卵重のもので，それより大きくても小さくても卵黄の比率は小さくなるが，特に 40～45g のものは卵黄の比率が非常に小さい．

また 76g 以上の超大玉の場合，規格外となるが，往々にして二黄卵（卵黄が 2 個入っている卵）のことが多い．二黄卵の場合の卵黄：卵白：卵殻の比率を著者らが調べた例として，32.2％：57.8％：10.0％という平均値が得られている．図2.2 の 70～80g の卵と比較してみると，二黄卵の方が卵黄の比率がやや高く，卵白の比率がやや低いことが知られる．

したがって，鶏卵を一次加工して全卵を作る場合は，卵重の大

— 51 —

きいものほど歩留りがよく採算的に有利であるが,卵黄と卵白とに分ける場合は必ずしも大きいほど有利とは限らない.仮に卵黄単価を卵白の3.5倍とし,卵殻を無価値として40～45gの鶏卵の価値を100とすれば,60～65gのものは109となり,また75～80gのものは107となる.このような観点からも,卵重区分によって1kg当たりの鶏卵価格に多少の差を付けて取引されるのであろう.組成比以外に,割卵機における一定重量当たりの割卵能率も当然卵重の大きい方がよい.

しかし,小型卵の卵殻の比率が高いということは,卵の強度に影響して,輸送や取扱い中の破損の比率も小さいであろう.また次章で述べるが,鮮度を代表するハウ単位の低下が小型卵の方が小さいといった点などもある.

通常は卵重が小さいということは,若いニワトリから産まれたことを意味するが,これまで述べた卵重の大小は,産んだニワトリの月齢によるともいえる.いずれにしても鶏卵の大小による価値は,いろいろな角度から判断する必要があろう.

2.4 鶏卵の栄養

表2.1[2)]に卵黄,卵白,全卵の栄養価一覧表を示す.卵黄は付着した少量の卵白を含んだものである.

表2.1 全卵, 卵白, 卵黄の分析例[2]

	全卵	卵白	卵黄
水　　　　　分(%)	73.5	87.5	54.6
タ ン パ ク 質(%)	12.5	10.5	14.4
粗　脂　　肪(%)	11.5	微　量	28.8
糖　　　　　質(%)	0.3	0.4	0.2
灰　　　　　分(%)	0.8	0.6	1.8
カ ロ リ ー 数(kcal)	155.1	42.0	318.4
pH	7.8	9.2	6.8
鉄 (FeO)　　(mg%)	6	1	13
カルシウム(CaO)(mg%)	100	20	180
リ　ン(PO$_4$)(mg%)	770	45	1 900
ビタミン A　　(IU)	1 100	な　し	2 700
ビタミン B$_1$　(mg%)	0.13	0.08	0.20
ビタミン B$_2$　(mg%)	0.06	1.01	0.14

2.4.1　卵黄の成分と栄養

卵黄は約14.5%のタンパク質と約29%の脂肪分を含み,カロリーは318.4kcalである.糖質は0.2%と非常に少ない.鉄,カルシウム,リンなどのミネラルにも富み,ビタミンもA, B$_1$, B$_2$などが含まれている.卵黄のタンパク質にはイソロイシン,ロイシン,リジン,メチオニン,フェニルアラニン,スレオニン,トリプトファン,バリンなどの必須アミノ酸をはじめ,ほとんどすべてのアミノ酸が含まれている.

卵のタンパク質のアミノ酸組成は非常に優れており,他の食品のタンパク質の品質を測るときの標準としても使われる.卵のタンパク質のアミノ酸組成はヒトの体タンパク質の組成とよく似て

いるため，人間の栄養に対して理想的なものとなっている．卵黄タンパク質は大部分がリンタンパク質で，これに脂肪が付いて卵黄固形分中30%がリポタンパク質になっている．卵黄タンパク質には，リポビテリン，リポビテリニンなどのリポタンパク質，リベチン，ビテリン，ビテリニン，ホスビチンなどがある．

卵黄脂質中にはリン脂質が約14%含まれている．卵黄油中の飽和脂肪酸は約37%で，ステアリン酸，パルミチン酸より成り，また不飽和脂肪酸はオレイン酸，リノール酸およびリノレン酸などから成る．低級の脂肪酸はほとんどない．卵黄脂肪は比重0.881 (100℃)，屈折率1.4658 (40℃)，融点22℃，けん化価184〜198，ヨウ素価64〜82であり，3.4〜5.1%の不けん化物を含んでいる．また1.3〜1.6%のコレステロールを含み，そのうち85%は遊離の状態で存在し，15%はエステルの形になっている．

卵黄のコレステロールはひと頃かなり論議の対象にされたが，人体内へのコレステロールの蓄積には，むしろ飽和脂肪酸の摂取による影響が大きく，卵黄脂肪中には不飽和脂肪酸が多いので問題はないとされている．表2.2[3]は以前，国立栄養研究所で行った試験の結果であるが，通常の成人ではかなりの個数の鶏卵を毎日食べても，わずかな血清コレステロールの上昇しかみられなかったこと，健康老人でも1日1個の摂取では問題なかったことが示されている．

卵黄中のリン脂質としてはレシチン，ケファリンなどがある．レシチンはコリンを含み，ホスファチジルコリンとも呼ばれる．

2.4 鶏卵の栄養

表2.2 鶏卵の連続摂取による血清コレステロールの変化[3]

グループ	摂取量 (個/日)	人数	血清コレステロール (mg/dl)			
			摂取前	5日後	摂取終了後	前後の差
成人勤労者	5	8	189 (22)[a]	194 (24)	196 (22)	7 (10)
	7	8	194 (28)	201 (32)	203 (34)	9 (12)
	10	8	188 (36)	195 (35)	196 (33)	8 (10)
成人研究者	5	11	198 (34)	203 (32)	205 (35)	7 (7)
老 人	1	8	197 (18)	199 (19)	200 (19)	3 (5)
	2	10	187 (29)	200 (24)	198 (24)	12 (14)

a) ( ) 内は標準偏差.

コリンの代りにエタノールアミンやセリンを含むものはケファリンと呼ばれる．卵黄中のこれらリン脂質は卵黄の乳化力と密接な関係があり，卵黄の乳化力はレシチン，コレステロール，リポタンパク質およびタンパク質によるものと理解されている．

レシチンは卵黄中に約8.6％含まれ，黄色ワックス様で特異臭を有し，空気に触れると褐変してゆく．ケファリンはレシチンと似た点が多いが，アルコールに不溶という点が違っている．レシチンはアセトンに不溶であり，この性質を利用して卵黄からのレシチンの抽出や精製が行われる．

卵黄にはビタミンAなどの脂溶性ビタミンも多く含まれ，その他のビタミンとしてB_1，B_2，D，E，ナイアシン，パントテン酸，葉酸なども含まれている．鉄，カルシウム，リン以外に微量

金属としてヨウ素，マグネシウム，銅，ナトリウム，カリウムなども含まれている．ビタミンCはほとんど含まれていない．

2.4.2 卵黄の色と栄養

卵黄の色には，赤味を帯びた色の濃い場合と，薄い黄色のものとがある．卵黄の色は飼料と関係が深く，その色素はキサントフィルに属するルテインとゼアキサンチンを主体とし，少量のクリプトキサンチンやβ-カロチンを含んでいる．卵黄の色を濃くするには飼料中に緑葉，トウモロコシなどを添加すればよい．飼料中にある種の色素を加えて卵黄の色を濃くするということも行われる場合がある．卵黄の色の濃い方が一般に好まれているが，栄養的にみると必ずしも色の濃い方が優れているとはいえない．卵黄の黄色が濃いのは色素が多いからであって，ビタミン含量やその他の栄養分とは直接関係はない．

2.4.3 卵白の成分と栄養

卵白には約10.5%のタンパク質が含まれているが，糖質は約0.4%と少なく，脂肪はほとんど含まれていない．カロリー数も42kcalと低く，高タンパク低カロリー食品ということになる．卵白のタンパク質にも卵黄と同様，ほとんどすべてのアミノ酸が含まれている．卵白のタンパク質はオボアルブミン，コンアルブミン，オボムコイド，リゾチーム（グロブリンG1），グロブリンG2およびG3，オボムシンおよびアビジンより成り，うち

60％以上がオボアルブミンである．卵白にはカルシウム，鉄，リンなども含まれているが，卵黄中より含量は低く，ナトリウム，カリウムなどは逆に多く含まれている．ビタミンAは含まれず，B_1は卵黄中より低いがB_2含量は卵黄中より高い．

2.4.4　全卵の成分と栄養

全卵は卵黄（33％）と卵白（67％）の混合物であり，その成分や栄養価も卵黄と卵白の混合物に等しいので，重複を避けるために省略する．

2.4.5　卵殻の成分と栄養

殻付き卵の10～14％が卵殻であり，鶏卵加工場では処理殻付き卵の約1割が卵殻として発生してくる．この卵殻は通常水洗，粗砕後，炉で焼き，ハンマーミルで微粉化して飼料のカルシウム強化剤にされる．炭酸カルシウム91％，ナトリウム480 mg％，カリウム33 mg％，マグネシウム38 mg％，リン32 mg％と，ほとんど無機成分から成っている．近年は食品用の強化剤や品質改良剤としての用途をもつ「カルホープ」と呼ばれる精製超微粉化卵殻粉が開発され，めん類，ソーセージ，ケーキなどに使われている．

2.4.6　有精卵と栄養

以前，地卵と呼ばれた農家の放し飼いのニワトリの卵は有精卵

2. 鶏卵の成分と栄養

であったが,現在市販されている大養鶏場の卵は無精卵になっている.かつて著者らの所で種卵である有精卵(平飼い)と一般の無精卵(ケージ飼い)について種々の試験を行ってみた.酵素とかホルモンについてまで調べてみたわけではないが,鮮度の経時変化,栄養成分分析値,起泡力,加熱時のゲル強度,乳化性,製菓適性などにおいて両者間に有意な差はなかった.東欧などではまだ放し飼いが行われており,その卵は黄味が濃いとか,卵白中の糖質%が高いなどの差があるが,これは有精,無精の差よりも,餌によるものといわれている.

表 2.3 有精卵と無精卵の分析値比較[a]

	有 精 卵	無 精 卵
水　　　　　　分(%)	74.3	74.6
脂　　　　　　肪(%)	11.8	11.6
タ ン パ ク 質(%)	12.9	12.9
糖 質 (直 糖)(%)	0.4	0.4
灰　　　　　　分(%)	1.0	1.0
カルシウム(CaO)(mg%)	100	98
鉄 (FeO)　　(mg%)	6	6
リ　　ン(PO_4)(mg%)	770	780
ビタミン A　　(IU)	1 100	1 100
ビタミン B_1　(mg%)	0.14	0.15
ビタミン B_2　(mg%)	0.06	0.06

a) 有精卵は平飼いのもの,無精卵はケージ飼いのもの.いずれも全卵として分析.

表 2.3 は著者らが行った有精卵(平飼い)と無精卵(ケージ飼い)の卵の分析試験の結果を示すものである.種々の文献例をみても,有精卵と無精卵では栄養的な差はないとされている[4~6].

2.4.7 卵の消化吸収

卵は古くから栄養食品として，病人や老幼者に用いられてきており，その消化率はよく研究されており，卵のタンパク質，脂肪の消化吸収される割合は極めてよい．脂肪は乳化されて微細粒子となっている方が消化吸収がよいとされているが，卵黄脂肪は初めから微細粒子となって水中油滴 (O/W) 型に乳化しているため，吸収されやすくなっている．一般に卵白では加熱凝固させた方が生より消化吸収がよく，卵黄では生の方がよいといわれている．しかし，卵白でも加熱しすぎたときは消化率が悪くなる．普通に加熱したものでは生と同様消化率はよく，タンパク質，脂肪とも90%以上である．卵の脂肪，無機成分などは加熱による栄養価値の変化はなく，またビタミン B_1，B_2 なども普通の加熱調理では大した減少はない．

文　献

1) 今井忠平, 鶏の研究, **507**, 69 (1969).
2) 今井忠平, "鶏卵の知識", p.120, 食品化学新聞社 (1983).
3) 大島寿美子, 鈴木愼次郎, 栄養誌, **33**, 105 (1975).
4) Cotterill, O.J.(Stadelman, W.J. *et al.* ed.), "Egg Science and Technology", 2nd Ed., p.106, Avi Publ. Co., Inc., Westport, CT (1973).
5) 松本　徹, 科学朝日, **1954**, (3), 36.
6) 宮崎基嘉, 食の科学, **1974**, (2), 62.

3. 鶏卵の鮮度

3.1 はじめに

卵に限らず生鮮食品においては新しい，鮮度の良いものが好まれる．もちろん，なかには牛肉などのように熟成工程を経るものもある．卵はどれくらい日持ちするのか，古くなるとどんな変化が起こりどんな害があるか，といったことになると意外に知られていない．ここでは卵の鮮度の指標，鮮度に及ぼす因子，鮮度と品質，鮮度保持のための方法などに触れてみたい．

3.2 卵の鮮度の指標

鮮度とは新しさ，すなわち産卵後の日数の短さをいうものであり，あるいはこれに保存温度の組合されたものといえよう．鮮度を表わす指標として，卵の数ある特性のうち何を取上げたらよいかはいろいろと論議されてきている．

3.2.1 ハウ単位 (Haugh unit)[1]

卵の新しいうちは濃厚卵白が盛り上がって面積も小さい．古く

なると高さが低く面積が大きくなり，ついにはなくなってしまう(写真3.1, 3.2)．ハウ単位とは，濃厚卵白の高さに卵重による若干の補正を加えたものと考えればよい．

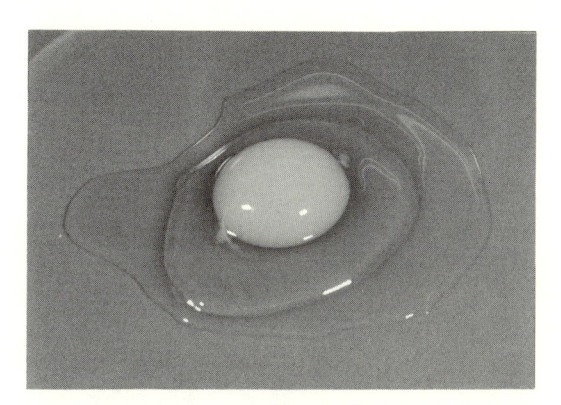

写真3.1　新鮮な鶏卵

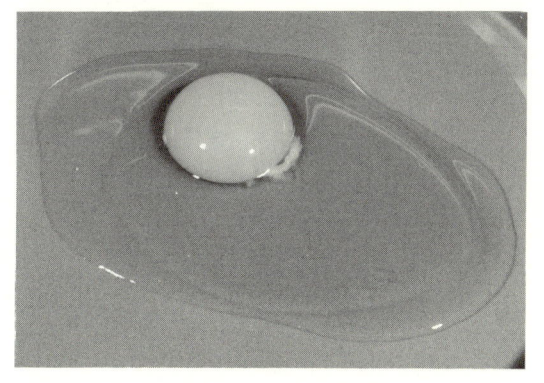

写真3.2　鮮度不良卵

3. 鶏卵の鮮度

$$ハウ単位 = 100 \cdot \log\left[H - \frac{\sqrt{G}(30W^{0.37}-100)}{100}+1.9\right]$$

という式で表わされ，H は濃厚卵白の高さ mm，G は定数で 32.2，W は卵重 g である．濃厚卵白の高さは写真 3.3 のような器具で測り，上記計算は面倒なので，卵重と卵白の高さからすぐハウ単位が出るような換算表を使う．

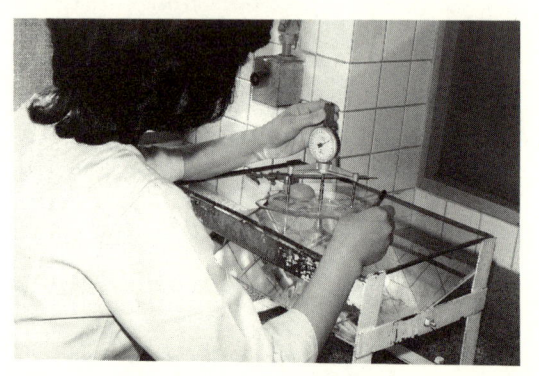

写真 3.3 卵のハウ単位の測定

産卵直後の卵ではこの数値は 80 前後であり，これは 70g の卵で 7mm の卵白高，50g の卵で 6mm の卵白高に相当する．アメリカでは 72 以上を AA 級，60 以上を A 級，32 以上を B 級，31 以下を C 級としている．著者らの所では 79 以上を特級，61〜78 を 1 級，60 以下を 2 級としている．

3.2.2 卵黄係数（Yolk index）

卵黄係数は，卵黄の高さ mm を直径 mm で割ったものであり，

3.2 卵の鮮度の指標

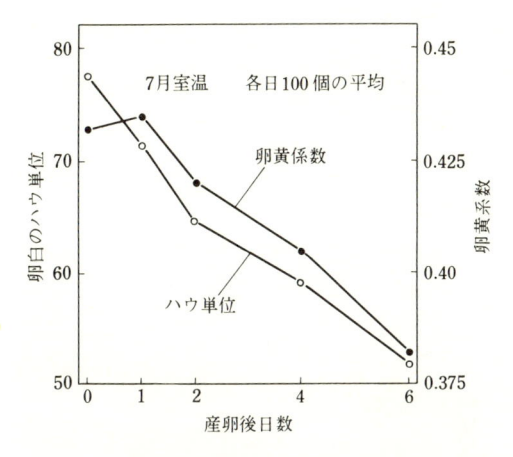

図 3.1 鶏卵の産卵後日数と卵白のハウ単位および
卵黄係数との関係[2]

産卵直後は 0.5 前後であるが，古くなるにつれ低下してくる．図 3.1[2]に産卵後室温に 6 日間保存した卵のハウ単位と卵黄係数の変化を示す．両者とも大体似たような低下曲線を描いているが，卵黄係数の 1 日目の変化が小さかったため，著者らの所ではハウ単位の方を重視している．卵を低温で長期保存すると，他の測定項目はそれぞれ適当な低下を示しても，卵黄係数だけはわずかしか下がらないという欠点がある．

3.2.3 気　室　高

気室は卵の鈍端部にある空気の部分であり，暗所で鋭端部から細い光を当てて測定する．高さを mm で表わす場合と直径（気

3. 鶏卵の鮮度

室径）を mm で表わす場合とがある．気室高は産卵直後は 2mm 程度で，7月の室温に1カ月も置けば 8mm 程度に達する．しかし7月の室温でも1週間くらいではわずか 1mm ほどの増加であり，また個体差も大きい．したがって，新しい卵と非常に古い卵を破壊せずに鑑別するには役立つが，例えば産卵後1日の卵と3

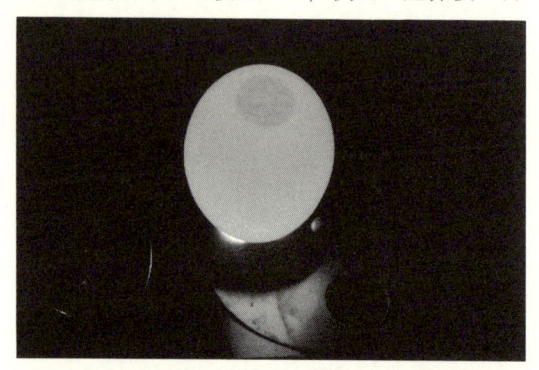

写真3.4　透光検卵でみた気室

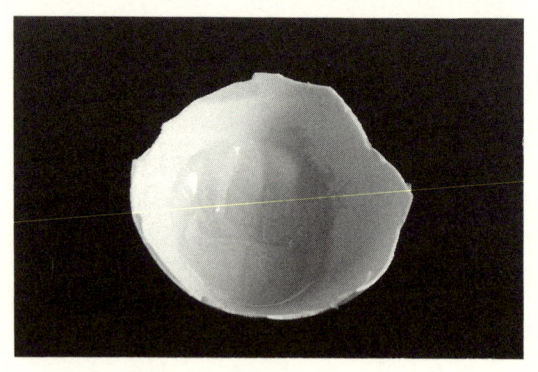

写真3.5　殻内部からみた気室

3.2 卵の鮮度の指標

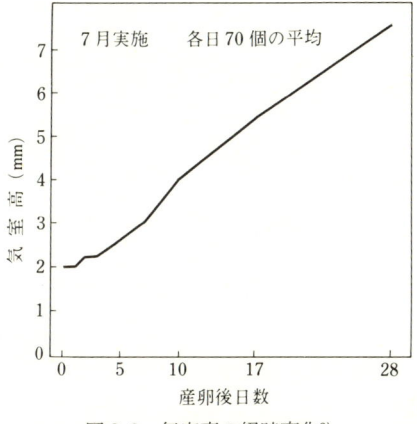

図 3.2 気室高の経時変化[2]

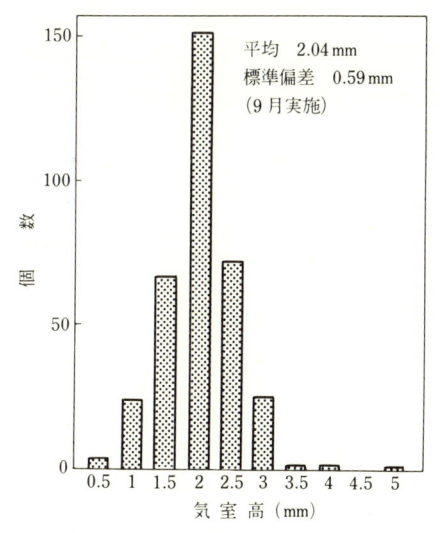

図 3.3 産卵 1 日後の鶏卵の気室高のバラツキ

3. 鶏卵の鮮度

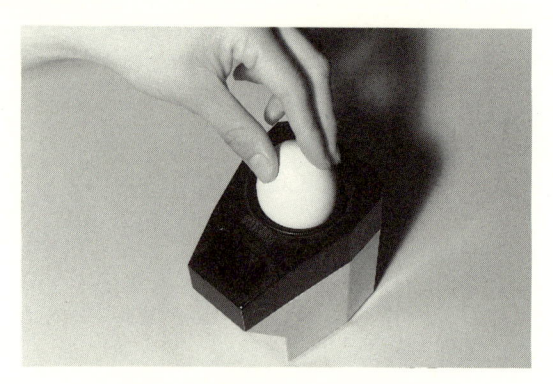

写真 3.6 Mirex による気室の検査

日目の卵の比較の場合などにはあまり有効ではない.

写真 3.4 は殻付き卵を透光検査した場合の気室の状態を示し，また写真 3.5 は割卵して殻の内側から見た気室を示す. 図 3.2[2)]は，産卵直後の卵を 7 月の室温に 4 週間置いた場合の気室高の増加を示すものである. また図 3.3 は，産卵 1 日後の同一品種の卵 350 個の気室高の分布を示すが，同じ鮮度でもかなりバラツキがあることが知られる. 写真 3.6 は Mirex というスイス製の簡易気室測定器であり，気室の大小を感覚的に判定できるが，数字的には測れない.

3.2.4 比 重

卵が古くなると水分が蒸発して軽くなるため，卵の比重の大小により鮮度を調べることも行われる. これは比重の異なるいくつかの食塩水に卵を入れて，浮くか沈むかによって判定するもので

3.2 卵の鮮度の指標

ある.卵の比重は大体 1.075～1.095 の間に納まっているが,殻の厚さ,卵黄と卵白の比率なども影響し,必ずしも鮮度だけによるものではなく,あまり適当な判定法とはいえないようである.

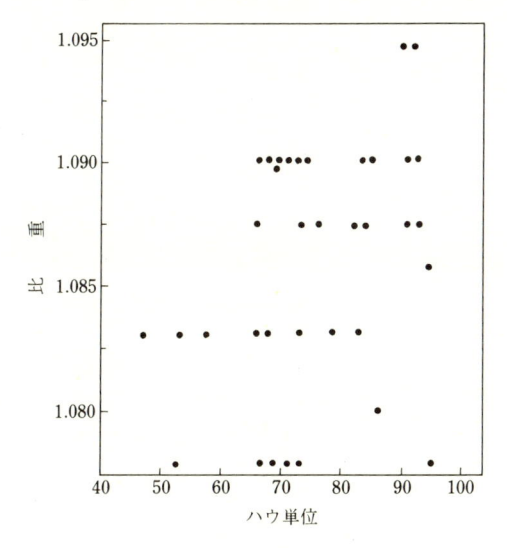

図 3.4 鶏卵の比重とハウ単位[2]

図 3.4[2] は種々の鮮度の卵を集め,その比重とハウ単位との関係を調べたものである.ハウ単位の低いものは概して比重が小さいという傾向はみられるが,ハウ単位 65～90 という普通の鮮度のものでは,比重の幅が大きく,あまり有効な判定方法とは思われない.写真 3.7 は殻付き卵の比重を測っているところであるが,このようにいろいろな比重の食塩水を作って,その中に入れ替えたりしながら測定するため,かなり煩雑な操作である.

3. 鶏卵の鮮度

写真 3.7　鶏卵の比重の測定

3.2.5　視覚による判定

これは前述のハウ単位や卵黄係数を測る代りに，濃厚卵白や卵黄の盛り上がりの状態を肉眼的に判断して，特級，1級，2級と分けるものである．農林水産省の鶏卵取引規格では，この方法が採用されている．人間の視覚に頼る関係上，個人差あるいは，そのときの見方による誤差もあるが，ある程度訓練すればハウ単位とかなり一致した判定ができる．

図 3.5[2] は熟練者が視覚によって，特級，1級，2級と分けた結果と，それらのハウ単位を比較したものであるが，各級の境い目あたりに若干の誤差が出るのを除けば，両判定方法はかなり一致した結果を示していた．

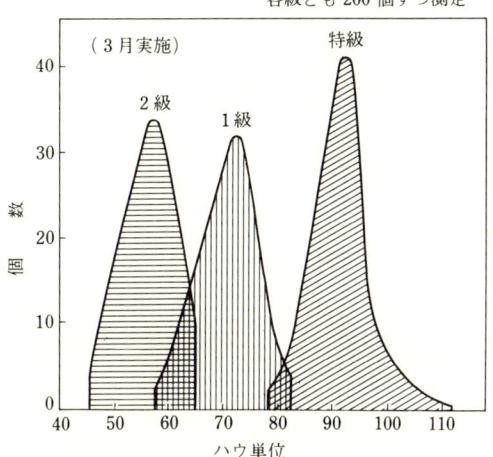

各級とも200個ずつ測定

図3.5 視覚による級分けとハウ単位との関係[2]

3.2.6 その他の項目

古くなると卵白のpHが上がり,卵黄の水分が増え卵白の水分が減る,あるいは揮発性塩基窒素が増すなどの現象が起こるが,これらを測ることは特殊な保存試験のときの他は,煩雑なため日常の検査では行わない.

新鮮な卵は殻表面がザラザラしており,古くなるとツルツルするといわれているが,近頃の卵は洗卵されているため必ずしも当てはまらない.香港あたりでは卵のバラ売りが行われ,裸電球が付いていて検査して買うようになっているが,黒玉のような腐敗卵はわかるにしても,裸電球で周りが明るくては気室の大小まで

3.3 卵の鮮度低下に及ぼす因子

3.3.1 温度の影響

産卵後の日数が経つにつれて卵の鮮度が低下するのは当然であるが,これは保存する温度によって大いに差が出てくる.図3.6[2)]は異なる季節に卵を保存して,そのハウ単位の下降曲線を調べたものである.温度の高いほどハウ単位の低下速度は大であり,夏期4日では31の低下なのに対し,冬期4日では1桁内の低下にすぎない.したがって,卵の鮮度保持には保管温度が非常に重要である.日光による影響を調べたこともあるが,日の当たること

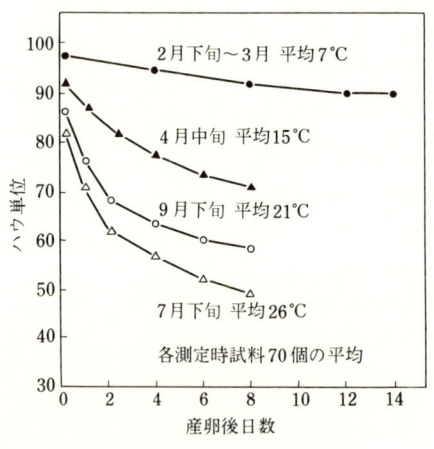

図3.6 産卵後日数,気温と鮮度[2)]

3.3 卵の鮮度低下に及ぼす因子

による温度上昇の影響だけであった.

3.3.2 湿度の影響

開放室内と湿った密閉容器内に卵を保存して,ハウ単位の変化を調べたことがあるが,有意な差はみられなかった.密閉容器内では目減りの増加は少なかったが,卵殻表面のカビ発生があり,鶏卵用の容器を気密性にすることは不利なように思われた.

3.3.3 ニワトリの月齢(卵のサイズ)による影響

月齢6～8カ月のニワトリの卵と,13～14カ月のニワトリの卵の同一産卵後日数におけるハウ単位を比較した.2養鶏場,4試験区で行ったが,いずれも若いニワトリの卵の方がハウ単位が大きかった.

表3.1[3]は大玉(平均67g)と小玉(平均51g)を-3℃に長期保存した場合のハウ単位の低下を比較したものである.大玉の方が産卵直後から低く現われ,保存中も引続き低く推移した.大玉の方が産まれた直後から鮮度が悪いというよりは,ハウ単位の計算

表3.1 -3℃に冷蔵保存した大玉と小玉のハウ単位の変化[a),3)]

卵の サイズ	保 存 月 数			
	0	1	3	6
大 玉	71.7±9.6[b)]	68.9±9.0	61.2±10.5	63.4±7.5
小 玉	85.8±6.0	84.4±5.9	74.9±5.9	67.6±7.0

a) 測定個数は各々100個ずつ.
b) 平均±標準偏差(各100個の).

3. 鶏卵の鮮度

表3.2 ニワトリの月齢と卵の鮮度指標との関係[2]

養鶏場	ニワトリの品種	ニワトリの月齢	産卵後日数	試料数	ハウ単位（平均）	視覚による級分け(%)		
						特級	1級	2級
N	ハイスドルフ	7	1	280	78.1	57	39	4
		14	1	280	76.2	51	40	9
	ハイスドルフ	6	1	140	71.1	79	18	3
		14	1	140	67.9	52	40	8
S	シェーバー	8	3	700	69.4	22	71	7
		13	3	700	68.8	20	60	20
	デカルブ	8	3	700	80.6	23	67	10
		13	3	700	76.1	18	66	16
全 平 均		7〜8	1〜3	1820	76.0	32	60	8
		13〜14	1〜3	1820	72.5	26	58	16

方式が大玉に不利になっているように思われる．

また，表3.2[2]はニワトリの月齢と卵の視覚鮮度およびハウ単位との関係を示すものである．2養鶏場，3品種のニワトリにつき，6〜8カ月齢の若いニワトリからの卵および13〜14カ月とやや月齢の高いニワトリからの卵を，同一産卵後日数で測定したものである．いずれの場合も若いニワトリの卵が年を取ったニワトリの卵よりも鮮度的に良い数値が現われることが示されている．小玉の方が鮮度的に有利な数値が出るが，若いニワトリから産まれる卵は卵重が小さいため，そうしたことにも通ずるのであろう．

3.3.4 ニワトリの品種による影響

数カ所の養鶏場につき,シェーバー,ハイライン,ハイスドルフ,バブコック,デカルブの5品種に対して調べたが,特に顕著な差違はみられなかった.

表3.3 ニワトリの品種と卵の鮮度指標との関係[2]

養鶏場	ニワトリの品種	ニワトリの月齢	産卵後日数	試料数	ハウ単位(平均)	視覚による級分け(%)		
						特級	1級	2級
A	シェーバー	14	1	210	76.5	71	19	10
	ハイライン	14	1	210	76.5	56	41	3
M	シェーバー	8	1	210	77.9	59	34	7
	ハイライン	8	1	210	80.1	79	16	5
	デカルブ	8	1	210	77.6	59	32	9
N	ハイスドルフ	7	1	280	77.9	54	42	4
	ハイライン	7	1	280	78.1	58	38	4
S	シェーバー	8	5	140	66.3	3	69	28
	ハイライン	8	5	140	66.8	5	77	18
S	シェーバー	8	3	700	71.1	21	75	4
	デカルブ	8	3	700	71.4	21	73	6
S	シェーバー	13	1	350	70.0	20	61	19
	デカルブ	13	1	350	69.8	16	69	15

表3.3[2]は同一養鶏場に飼われている同一月齢の2~3品種のニワトリから産まれた卵につき,視覚鮮度およびハウ単位を測った結果を示す.全体的にみて,4品種のニワトリから産まれた卵には,品種だけの理由による鮮度的な差違はないとみられた.

3. 鶏卵の鮮度

3.3.5 ワクチン接種の影響

ニューカッスル病ワクチンを接種して2日後のニワトリの卵と，接種しないニワトリの卵を産卵後2日および7日後にハウ単位を測った．ワクチンを接種したニワトリの卵が平均3～4ハウ単位が低くなっていた．しかし接種後日が経つと，その差はなくなった．

3.3.6 病気による影響

過去に伝染性気管支炎にかかったことのあるニワトリ群と健康なニワトリ群につき，産卵直後の卵のハウ単位を比較したことがある．健康なニワトリ群の方がハウ単位で約12，卵黄係数で約0.03高く出ていた．

3.3.7 輸送による影響

輸送中の振動によってハウ単位が低下するかどうか調べた．中京地方から東京まで5産地の卵をトラックで輸送したが，輸送そのものによる低下はなく，輸送に要した時間相当分の低下が認められただけであった．トラックの積み込み場所による差違もなかった．

3.3.8 鶏卵の並べ方による影響

現在，鈍端上位で並べられているが，鈍端上，鋭端上，横置きの三つの並べ方につき，目減り，気室高，卵黄係数，ハウ単位の

4 項目に関して経時変化を調べたところ,いずれも有意な差はなかった.表 3.4[4)]はその状況を示すものである.

表 3.4 鶏卵の並べ方が鮮度に及ぼす影響[a)]
(7月実施)[4)]

並　　べ　　方		鈍端上	鋭端上	横置き
目 減 り (%)	平 均 値 標準偏差	0.98 0.168	0.83 0.172	0.98 0.127
気 室 高 (mm)	平 均 値 標準偏差	1.56 0.75	1.90 0.97	1.78 0.64
卵黄係数	平 均 値 標準偏差	0.323 0.017	0.316 0.023	0.314 0.027
ハウ単位	平 均 値 標準偏差	54.3 11.8	52.6 14.1	50.9 13.7

a) シェーバー,6カ月齢の鶏卵使用.
産卵後無洗卵で室温 4 日間保存後測定.
目減り,気室高,卵黄係数は各 35 個,ハウ単位は各 70 個ずつを測定.

3.3.9 洗卵による影響

産地で洗卵した卵,無洗の卵につき,洗卵後 7 日までハウ単位を測ったが,洗卵の有無による差違は認められなかった.ただし後で述べるように,卵の内容物の細菌汚染状態には大きな違いがあった.

3.3.10 冷蔵開始前の鮮度が冷蔵後の鮮度に及ぼす影響

産卵後すぐ保冷車で運んで5℃の冷蔵車に入れた場合と,産卵後 3 日間(7月)室温に置いてから 5℃に保存した場合を比較し

た．冷蔵庫に入れた時点での差はそう大きくなかったが，3カ月後には室温3日後冷蔵したものは腐敗卵の発生が多く，ハウ単位の低下も大きかった．

3.4 卵の鮮度低下と品質

卵の鮮度が低下すると，具体的にどのような不利な点が出てくるか述べる．

3.4.1 細菌的な品質低下

産まれたばかりの卵の中味にはほとんど細菌はいないが，保存期間が長引くと内部に侵入した細菌が繁殖して，ついには腐敗を起こす．この場合，すべての卵の中味に少しずつ細菌が増えてくるということはなく，例えば室温30日後に9%の卵が腐り，13%の卵に細菌が認められたという場合でも，残りの87%は無菌といった形になっている．

表3.5[4]は産地で洗った卵と洗わない卵を，9〜10月の室温に保存してその細菌数を測った結果であるが，明らかに洗卵した方が腐敗卵の発生率も菌保有卵の発生率も高かった．これは洗卵時に菌が水とともに卵内部へ侵入することによると思われる．侵入した菌もすぐ大きく増えるわけではなく，9〜10月でも室温9日程度なら充分可食に耐える菌数であると思われた．

卵白にはリゾチームという酵素が含まれており，これはグラム

3.4 卵の鮮度低下と品質

表 3.5 洗卵と内容物細菌数の関係 (9 月初旬〜10 月中旬実施)[4]

産卵後	洗 卵 区			無 洗 卵 区		
日 数	細菌検出率	腐敗卵検出率	細 菌 数	細菌検出率	腐敗卵検出率	細 菌 数
3 日	0/150	0/150[a]		0/150	0/150	
9 日	3/150	0/150	760〜4 200[b]	0/150	0/150	
16 日	5/150	0/150	180〜630 000	1/150	0/150	17 000
30 日	20/150	14/150	700〜73 000 000	0/150	0/150	
42 日	23/150	14/150	24 000〜140 000 000	4/150	0/150	700〜13 000 000

a) 分母は割卵個数, 分子は細菌検出卵または腐敗卵の個数 (細菌試験と腐敗卵観察は同一試料).
b) 卵内容物 1g 当たりの菌数.

陽性菌というグループの菌を溶かして殺すため, 仮に種々の菌が卵内部に侵入しても繁殖してくるのはグラム陰性菌だけと考えてよい. グラム陰性菌の中にはサルモネラのような食中毒菌も含まれるので注意を要する.

繁殖した菌の種類によって卵が腐敗したときの状態は違ってくる. *Aeromonas* という菌が繁殖すると, 卵黄は真黒なゼラチン状となる. *Proteus* は卵黄, 卵白を褐色にする. *Serratia* は赤い色素を生産する. *Pseudomonas* は一般に卵白に蛍光を与えるが, これは紫外線を当てないと肉眼では判別できない. *Pseudomonas* の中でも, 種類によっては卵白や卵黄に青や緑の色素を生ずるものもある.

殻付き卵の中味の細菌数については, 殻の外から見ただけではわからないうえに, 割って中味を見ても細菌数が 10^6/g 以下のレベルのときは, まず判別できない. さらに細菌数が 10^7/g 以上の

3. 鶏卵の鮮度

レベルの場合でも, 菌の種類によっては卵に外観やにおいなどの変化を与えないものがある. したがって鮮度の落ちた卵を使う場合, 検査によって悪い卵を除こうとするのには限界があり, 鶏卵の加工においては, まず鮮度の良い原料卵を使うことが基本である.

3.4.2 物理的な変化

卵が古くなると濃厚卵白が少なくなり, 卵黄係数が低下するが, 卵黄の強度も弱くなり割卵, 分離などの工程で卵黄がこわれる率が大きくなる. これは卵を全卵として使う場合にはあまり問題にならないが, マヨネーズ用のように卵白と卵黄を分ける場合には大きな障害となる. 例えば昔の毎分100個といった遅い割卵分離機でも, 表3.6[2]のように, 室温6日後では約16%の卵黄がこわれてしまう. 手割りでも10%がこわれてしまう. これは卵黄の歩留り低下に通じ, 経済的に大きな損失となる.

また鮮度の落ちた卵を割卵分離した場合, 卵白中への卵黄の混入, 卵黄中への卵白の混入が多くなりがちである. 卵白中への卵黄の混入は, 0.3%とか0.5%という微量でも, 卵白の起泡性を

表3.6 卵の鮮度と割卵時の卵黄のみだれ(%)[2]

割卵方法	保存日数[a]				
	0	1	2	4	6
自動割卵機	2.9	4.3	8.6	12.9	15.7
手割り	0.0	0.0	1.4	4.3	10.0

a) 7月に実施.

低下させる．卵黄中に混入した卵白は卵黄を薄める形になり，マヨネーズにしたときの粘度を下げたりする．また鮮度の悪い卵は気室が大きくなり，ゆで卵にして殻をむくと鈍端部が欠けたような不恰好なものとなり，また黄味が中央からずれて外から透けて見えたりする．家庭や料飲店でも卵黄がこわれたものは目玉焼き，落玉子などには使えない．また生卵で食べる場合でも，黄味がこわれたものは敬遠される．写真3.8はゆで卵にしたとき，気室の非常に大きくなっているものを示す．

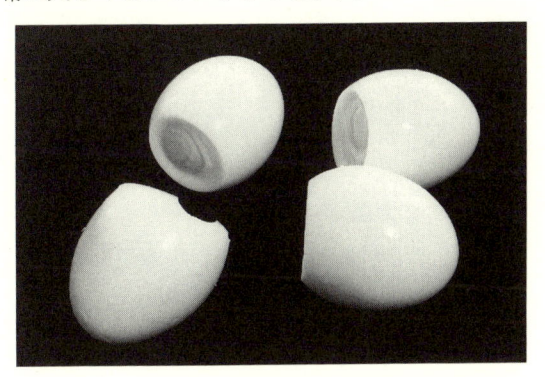

写真3.8 気室の大きなゆで卵

3.4.3 化学的変化

卵の鮮度の低下につれて卵白中の水分は卵黄に移行し，その結果，卵黄の水分が増加して卵白の水分は低下する．卵白水分のわずかな減少は，特に卵白の価値を高めるものではないが，卵黄水分の増加はマヨネーズなどの品質低下につながる．また，卵が古

くなると卵白の pH が高くなるが，この場合ゆで卵にすると黄味の周りが黒変を起こしやすく，また卵焼きにしたときも全体的に黒くなりやすい．

3.4.4 その他の変化

卵が古くなると水分がとんで目減りを起こす．1個2個の場合は大したことはないが，例えば30トンの卵を保存して1%の目減りを起こせば300kgの重量ロスに通ずる．また工業的に割卵した場合，古い卵を使うと腐敗卵の出てくる率が多くなり，そのつど機械を止めて洗浄，消毒を行うので能率面での損失も大きくなる．

3.4.5 市販鶏卵の鮮度

表3.7[5)] は10年ほど前の8月に行った市販鶏卵の鮮度調査の結果である．測定値から推定してスーパーでは産卵後平均3日のものが並んでおり，小売店では8日のものが並んでいた．殻の外の細菌数は産地での洗卵の有無を反映してか大小さまざまであったが，内部の細菌数はスーパーで最高 300/g，小売店のもので最高 60 000/g であり，充分食用となるものであった．近年は卵の鮮度も注目されてきており，日付表示のあるパック詰卵も出始めており，特にスーパーで売られているものは，鮮度的に以前よりも良くなっているように見受けられる．

3.4 卵の鮮度低下と品質

表 3.7 市販鶏卵の調査（8月）[5]

		ハウ単位		卵黄係数		推定産卵後日数	卵殻表面の菌数（1個当たり）	細菌含有鶏卵の比率	内容物の菌数（1g 当たり）
		平均値	標準偏差	平均値	標準偏差				
スーパー	A店	56.8	12.2	0.364	0.033	5[a]	63 000	1/20	200[b]
	B店	60.6	4.2	0.404	0.010	4	320 000	0/20	
	C店	70.4	7.6	0.426	0.011	1	240 000	0/20	
	D店	64.5	4.1	0.418	0.019	2	8 800 000	2/20	100〜200
	E店	63.4	8.7	0.422	0.026	2	170 000	2/20	100〜300
	平均	63.1	7.4	0.407	0.020	3		5/100	
小売店	F店	45.5	11.1	0.340	0.027	9	340 000	4/20	300〜60 000
	G店	51.8	4.2	0.349	0.016	6	510 000	2/20	150〜200
	H店	49.0	8.3	0.341	0.014	8	920 000	3/20	150〜350
	I店	32.8	6.0	0.299	0.007	13	550 000	2/20	100〜150
	J店	50.1	9.2	0.408	0.023	6	130 000 000	3/20	3 600〜7 000
	平均	45.8	7.7	0.347	0.017	8		14/100	

a) 8月の室温に置かれたとしての推定日数.
b) 細菌含有鶏卵の内容物菌数（1g 当たり）の範囲.

3. 鶏卵の鮮度

3.5 卵の鮮度保持対策

卵の鮮度保持対策としては，先に述べた低温保存の他，卵殻表面のコーティングとか炭酸ガス貯蔵といった方法もある．

3.5.1 低 温 保 存

卵黄や卵白の氷結点は－0.5℃近辺とされており，それ以下に下げると凍ってしまうが，殻付きの状態では氷結時の体積膨張が殻によって抑えられるため，それ以下の温度に下げても氷結せずに保存できる．表3.8[3]は産卵直後の卵を室温（7月），5℃および－3℃に保存した場合の細菌数および鮮度の変化をまとめたものである．－3℃保存のものが明らかに最も優れ，5℃がこれに次ぎ，室温保存では短期間に大きな劣化を示していた．

表3.8 殻付き卵の冷蔵保存による鮮度の変化（4カ月後）[3]

	保 存 温 度		
	室 温[a]	5℃	－3℃
目 減 り （%）	7.40±2.07	4.82±0.97	3.85±0.79
気 室 高 （mm）	6.8±1.02	5.4±0.72	4.5±0.84
ハ ウ 単 位	測定不能[b]	54±8.0	63±7.5
卵 黄 係 数	0.17±0.02	0.41±0.02	0.44±0.03
卵 白 の pH	9.31	9.18	8.85
有菌卵の比率 （%）	15	13	1
腐敗卵の比率 （%）	7	5	0

a) 7月，ただし4カ月ではなく4週間．
b) 濃厚卵白がほとんどないため測定不能，2週間後では15±10.2であった．

殻付き卵の鮮度保持で最も有効なのは低温保存法と思われるが,産卵後できるだけ早く冷蔵することが大切である.殻付き卵が凍った場合には,殻にひびが入るとともに,卵黄がゲル化を起こし解凍後も元の状態に戻りにくくなる.また初めから卵殻にひびの入った卵は,-0.5°C以下にすると凍るので,ひび卵は0°C以下に冷やさない方がよい.

3.5.2 殻付き卵のコーティング

これは洗卵後の卵の表面を油性物質,多糖類などで薄くコーティングしてしまう方法である.この方法で処理すると,確かに目減りや気室高の増加や,ハウ単位や卵黄係数の低下はかなり抑えられ,鮮度的には良好に保たれるようにみえる.しかし著者らが大量に試験したところでは,細菌学的な保存性はコーティングしないものと大して変わらず,室温に長期保存した場合かなりの腐敗卵や菌保有卵を生じていた.また炭酸ガスが卵内部から抜けないため,卵白のpHが低く保たれ,ゆで卵にした場合,殻むきが困難になるという欠点があった.コーティングは低温保存と組合せて,日持ちは低温保存で長びかせ,目減りの増加やハウ単位,卵黄係数の低下をコーティングで抑えるということなら有効な方法と思われる.

表3.9[6)]は夏期の室温で4週間保存したコーティング卵と無コーティング卵の目減り,ハウ単位,卵黄係数および,菌保有卵と腐敗卵の比率などを示すものである.

3. 鶏卵の鮮度

表3.9 コーティングが卵の品質に及ぼす影響（7月室温）[6]

測定項目	コーティングの有無	保存期間（週)			
		0	1	2	4
目減り(%)	+	—	0.32±0.13[a]	0.57±0.31	1.40±0.61
	−	—	0.42±0.17	1.40±0.41	7.40±2.07
ハウ単位	+	—	64±7.8	53±12.5	38±13.1
	−	90±7.9	44±10.2	15±10.2	測定不能
卵黄係数	+	—	0.41±0.02	0.36±0.03	0.28±0.04
	−	0.51±0.03	0.34±0.03	0.25±0.02	0.17±0.02
腐敗卵の%[b]	+	0	0	7	6
	−	0	0	3	7
細菌保有卵の%[c]	+	0	7	19	15
	−	0	0	9	15

a) 100個の測定値の平均と標準偏差.
b) 100個ずつ測定.
c) 腐敗卵をも含む.

3.5.3 炭酸ガス保存

鶏卵の鮮度低下防止のための方法として，炭酸ガス中における殻付き卵の冷蔵というのがある．これはヨーロッパで昔行われていたが，経済的に経費がかかりすぎることから現在は行われていない.

側壁に冷却管を設けた大きなレトルトに殻付き卵を並べて入れて，密封後真空にして炭酸ガス88%，窒素ガス12%のガスを圧入して，0〜1℃に保つものである．レトルトは直径3.6m，長さ21mもあり，卵が100万個入るという．低温で繁殖できる*Pseudomonas*属の細菌が炭酸ガス中では繁殖できないというの

がこの原理である．この方法では確かに目減りも小さく，ハウ単位，卵黄係数の低下も小さいが，卵白が白濁して異様な外観を呈すること，ゆで卵にしたとき殻がむきにくいなどの欠点がある．近年，昔の炭酸ガス貯蔵法を改良したような方法がいくつか特許出願されている．

結論として鶏卵の鮮度保持には，低温保存，しかも産卵後できるだけ早く冷蔵庫に入れることが最善と思われる．現在，わが国では殻付き卵は常温保管，常温流通されることが多いが，この場合とくに夏場においてはできるだけ早く消費されるようなシステムを取ることが必要であろう．アメリカでは殻付き卵は15℃以下で保管，流通，販売することが義務づけられている．

文　献

1) Haugh, R.R., *U.S. Egg and Poultry Magazine,* **43**, 552 (1937).
2) 今井忠平，鶏の研究，**507**，69 (1969).
3) 今井忠平，"液卵の保蔵に関する微生物学的研究"，日本大学学位論文，p. 23 (1987).
4) 今井忠平，鶏の研究，**508**，160 (1969).
5) 今井忠平，"鶏卵の知識"，p.46，食品化学新聞社 (1983).
6) Imai, C., *Poultry Sci.*, **60**, 2053 (1981).

4. 鶏卵の一次加工

4.1 はじめに

　鶏卵は殻付きの状態で市販され，一般家庭で消費される形が最も多いが，近年，加工用あるいは業務用として間接的に消費される量が増えてきている．以前は業務筋では自社で割卵してすぐに使うという形がとられていたが，割卵の手間，廃棄物問題，衛生問題，相場変動の問題，加工卵の保管取扱いの簡便さ，用途に応じた卵成分を選択できるなどの点から一次加工卵，すなわち冷凍，冷却，乾燥などの全卵，卵黄，卵白製品が普及するようになってきた．しかし，これら鶏卵一次加工製品は業務用のルートにしか流通していないため，一般にはあまりなじみがない．ここで鶏卵の一次加工ということについて述べる．

4.2　鶏卵の一次加工の現況

　アメリカでは第二次大戦中，軍の携帯食としての必要性から，鶏卵一次加工の技術が研究され，戦後も大いに伸びてきた．近年の統計によれば，アメリカの殻付き卵生産400万トン中50万ト

4.2 鶏卵の一次加工の現況

ンが加工用に回され，冷凍全卵42 000トン，冷凍卵黄43 000トン，冷凍卵白27 000トン，液卵43 000トン，乾燥全卵4 500トン，乾燥卵白7 000トン，乾燥卵黄6 100トン，加糖乾燥卵18 000トンが製造されている．ちなみに，アメリカにおける鶏卵加工場の数は冷凍卵用が約100，乾燥卵用が約25であるが，この中には小規模なパッケージング場が地域的に行っているものは含まれていない．ヨーロッパでもイギリス，フランス，オランダ，ベルギー，スウェーデン，ポーランドあたりでは昔から鶏卵の一次加工が行われ，輸出入も盛んである．わが国における一次加工卵の生産数量は明確ではないが，鶏卵生産量の約1割すなわち20万ト

表4.1 鶏卵一次加工品の用途

		食　品　用	工業用	医薬化粧品	その他
全卵 卵黄		ビスケット，クッキー，ドーナツ，カスタード，ヌードル，卵飲料，卵酒，アイスクリーム，マカロニ，ケーキミックス，スパゲッティ，プディング，パイ，卵焼き，茶椀蒸し，卵豆腐，マヨネーズ，サラダドレッシング，オムレツ	皮革光沢剤	レシチン 洗　　剤 シャンプー	
卵　白		ビスケット，クッキー，ケーキ，キャンディ，卵飲料，アイスクリーム，ケーキミックス，プディング，卵焼き，茶椀蒸し，水産練り製品，ハム，ソーセージ，マシュマロ，淡雪，清澄剤，畜肉製品	捺染，写真 転　画　紙 皮革光沢剤	リゾチーム 洗　　剤 シャンプー パ　ッ　ク	
卵　殻		強化剤，品質改良剤			飼料，肥料

ン強(液換算)と推定される.また輸入の一次加工卵も年数万トン(液換算)に及んでいる.

一次加工卵の種類としては,冷凍,冷却,乾燥の全卵,卵黄,卵白があり,これらに加糖,加塩を行ったもの,濃縮処理を施したもの,あるいは酵素処理を行って物性や風味を改良したものなどもある.一次加工卵の用途としては表4.1に掲げるようなものがある.この表では全卵,卵黄,卵白,卵殻の区分によって用途を記したが,これらの中には冷却卵でないとできないもの,乾燥卵でないとできないもの,どのタイプのものでもよいものなどいろいろある.

4.3 鶏卵一次加工の原料と工場

4.3.1 鶏卵一次加工の原料

原料としてはできるだけ新鮮な殻付き卵を使用することが望ましい.殺菌済みの液全卵を作る目的であれば多少鮮度の低いものでも大きな問題はないが,卵黄と卵白とに分ける場合とか,未殺菌物を作る場合には鮮度のよい原料卵が要求される.ハウ単位で平均70以上,夏期で産卵3〜4日後までならこの目的に合致する.

ECの卵製品規格案[1]によれば,孵化中死卵や卵殻の未熟な卵の使用は禁止されている.ひび卵(卵殻膜の健全なもの)は,養鶏場や包装場から短時間で割卵場に運び,すぐに割卵すれば原料

としてもよいことになっている．養鶏場や包装場で生じた破卵（卵殻膜も破れたもの）は，衛生的な配慮のもとで処理すれば原料としてもよい．すなわち，割れたらすぐに殻から取出し，あらかじめ洗浄，消毒してある容器に入れ，すぐに冷凍し，正規の割卵場へ送って，殺菌卵とする．アメリカでは程度の大きな破卵は廃棄することになっている．

4.3.2 鶏卵一次加工の工場

鶏卵一次加工の工場としては，大養鶏場あるいはパッケージング場に併設されていて，そこで発生する規格外卵を処理したり，市場向けの余剰卵を処理するというタイプのものがある．すなわち，殻付き卵の出荷と一次加工卵製造を同じ所で行うタイプである．

もう一つはマヨネーズなどの鶏卵加工最終製品を作っている工場が，自家割卵の設備と技術をもって一次加工卵も作るというケースである．この場合，一次加工卵と卵利用最終製品が同一工場で作られる．ヨーロッパではマヨネーズ工場は自家割卵をやらず，専門の割卵工場から原料卵黄を購入している．

原料の鮮度面からみれば産地に近い工場がよく，製品の販売のためには消費地に近い所が便利であり，その兼ね合いは難しいが，作る一次加工卵の種類，品質，保蔵技術なども考慮して決める必要があろう．

4. 鶏卵の一次加工

4.4 鶏卵一次加工の実際

4.4.1 設　　備

図 4.1[2] はヨーロッパにおける冷凍卵製造工場の一例を示したものである．図中 A は殻付き卵貯蔵室で 10℃ 近辺に保たれている．B は試験室で，細菌試験，鮮度測定，一般分析，工程管理などを行うための機器を備えている．C は資材室で，空缶，ポリエチレン袋，カートンケースなどの資材，砂糖，食塩などの原料を保管しておく．D は急速凍結室で，通常エア・ブラスト方式の －30〜－40℃ の凍結室であり，製品は台車に積まれて持込まれる．急速凍結の終った製品は他所にある普通冷蔵庫(－20℃位)

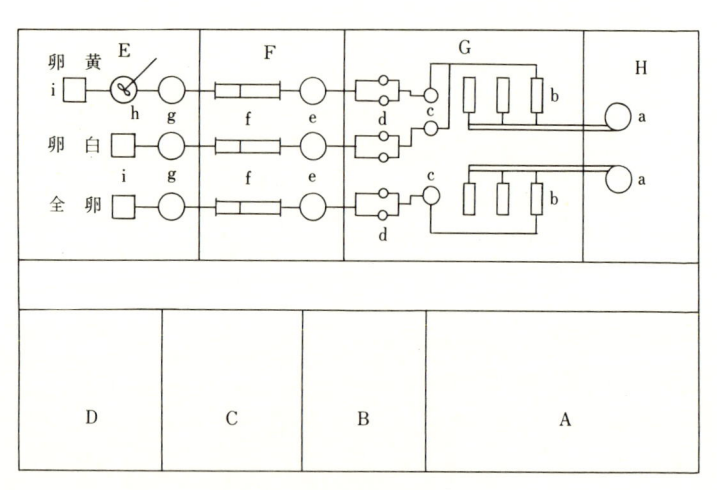

図 4.1　冷凍卵製造工場の一例[2]

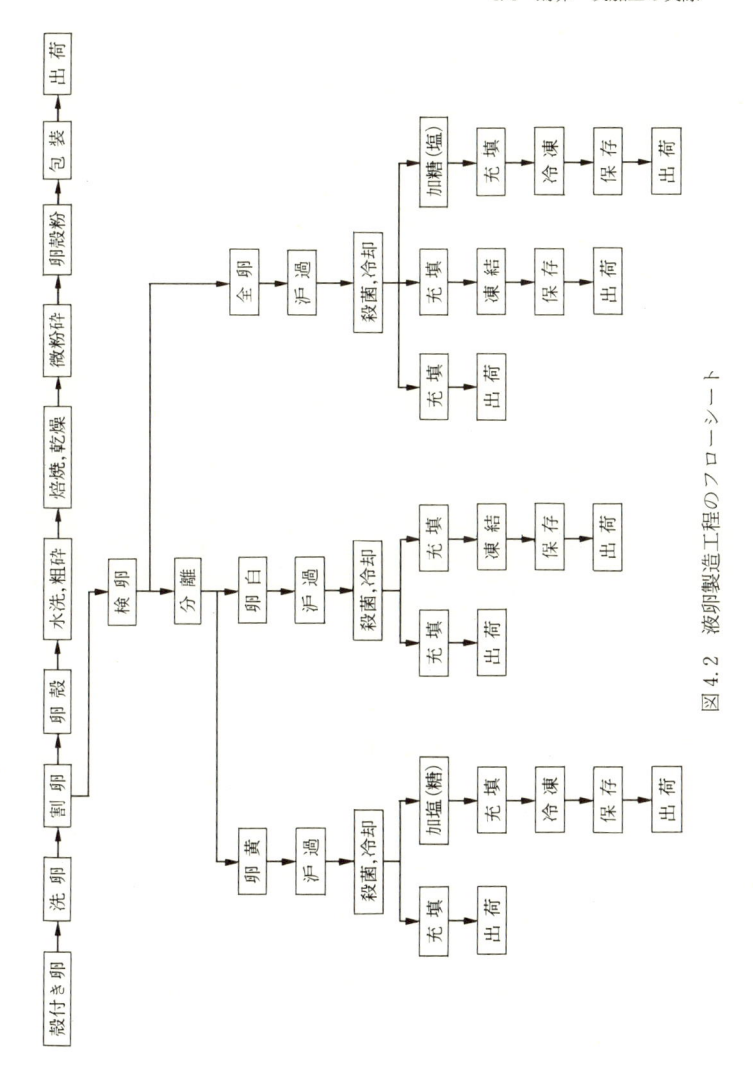

4.4 鶏卵一次加工の実際

殻付き卵 → 洗卵 → 割卵 → 卵殻 → 水洗,粗砕 → 焙焼,乾燥 → 微粉砕 → 卵殻粉 → 包装 → 出荷

割卵 → 検卵 → 分離

分離 → 全卵 → 沪過 → 殺菌,冷却
- 加糖(塩) → 充填 → 冷凍 → 保存 → 出荷
- 充填 → 凍結 → 保存 → 出荷
- 充填 → 出荷

分離 → 卵白 → 沪過 → 殺菌,冷却
- 充填 → 凍結 → 保存 → 出荷
- 充填 → 出荷

分離 → 卵黄 → 沪過 → 殺菌,冷却
- 加塩(糖) → 充填 → 冷凍 → 保存 → 出荷
- 充填 → 出荷

図 4.2 液卵製造工程のフローシート

— 91 —

4. 鶏卵の一次加工

に運ばれる．Eは充填室であり，Fは殺菌室，Gは割卵分離室，Hは殻付き卵供給室である．aは殻付き卵供給台であり，bは割卵分離機であり，通常全卵用のラインと卵黄・卵白用のラインに分かれている．cはストックタンクで，dは卵殻片，カラザなどを裏漉（うらご）しするストレーナー（沪過器）で，通常2基が一対となっている．eはストックタンクで，fはプレート式の低温殺菌機であり，gは殺菌済卵のストレージタンクである．卵白や全卵は通常，そのままiの充填機によって容器に詰めて製品とするが，卵黄の場合には適当量の食塩あるいは砂糖をhのミキサー中で添加したのち充填することが多い．

図4.2は殻付き卵から各種液卵製品を作る過程をフローシートで示したものである．

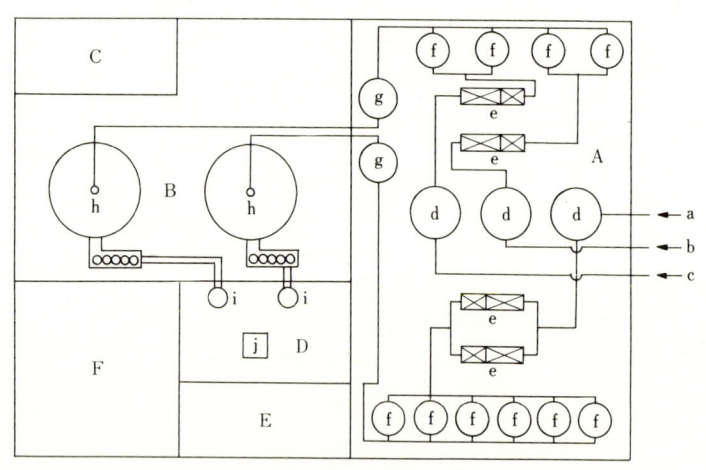

図4.3　乾燥卵製造工場の一例[2]

また，図4.3[2)]は同じくヨーロッパの乾燥卵製造工場を示したものである．乾燥卵工場は通常割卵工場内の一部に設置されている．Aは脱糖や殺菌などの前処理室，Bはスプレードライ室で，Cはドライヤーの機械室，Dは製品の沪過充填室，Eは試験室で，Fは卵白粉の乾熱殺菌処理を行う殺菌室である．a，b，cはそれぞれ原料の液全卵，卵黄，卵白であり，dはそれらのストックタンク，eは低温殺菌機，fは脱糖タンクあるいは砂糖などの添加物を混ぜるタンクである．gはスプレー前の液卵のストレージタンクで，ここからhのスプレードライヤーへ送られて噴霧乾燥され，iの沪過器で凝塊を除いてjの充填機で容器に詰められる．細菌発酵法による乾燥卵白では，乾燥後Fの殺菌室で殺菌処理を行う．

図4.4は乾燥卵製造のフローシートを示す．

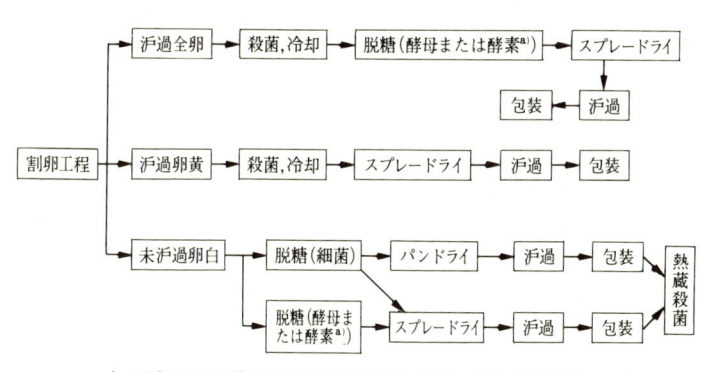

a) 酵素による脱糖は過酸化水素を使用するため，日本では行われていない．

図4.4　乾燥卵製造工程のフローシート

4. 鶏卵の一次加工

以下に鶏卵一次加工の各工程について説明する.

4.4.2 検　　卵

鶏卵のパッケージング場では洗卵前に透光検卵を行うが, これは血玉やひび卵の検出を目的とするものである（写真4.1）. 鶏卵の一次加工場で行う検卵は腐敗卵の検出を目的として行い, 同様に透光検卵方式でやる場合が多い. この場合, 黒玉, 緑卵系統の重度腐敗卵は検出できるが, 軽度のものや, *Ps. fluorescens* という菌による腐敗卵は検出が難しい.

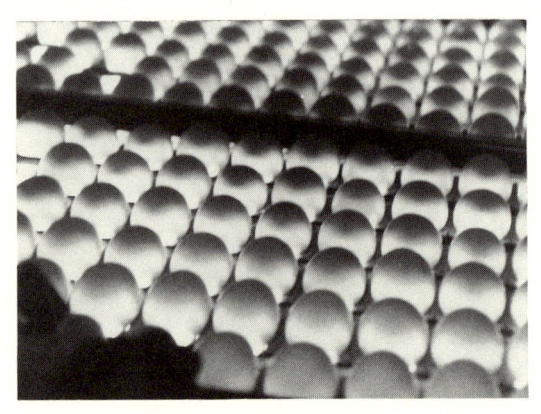

写真4.1　鶏卵の透光検査

通常, 割卵機で割った後の卵をオペレーターが外観, においなどをチェックして不良卵をはねる. 300個/分程度のスピードの割卵機ならオペレーターの検査も何とか追いつけるが, 近年の600個/分といった高速割卵機では手が回らない. 近年開発され

写真 4.2　自動蛍光検卵機

たブラックライト式自動蛍光検卵機（写真 4.2）はカップ中へ割り落とされた卵にブラックライトを当て，一定量以上の蛍光を発したものを自動的にはねる方式になっている．著者らの試験では，割卵前の自動透光検卵機と割卵後のブラックライト自動式検卵機を併用した場合は，人間がゆっくり検査した場合より汚染卵の検出精度は3倍近くに上がり，また正常卵を異常と判定するミスもなかった．しかし，人間でも機械でも菌数が充分大きくない汚染卵，あるいは何も卵に変化を与えないような特殊な細菌による汚染卵に対しては検出不能であり，その意味では新鮮卵を使用して検査を省く方が理想的であろう[3]．

表 4.2[3] は透光型検卵機と蛍光型検卵機の組合せによる判定と，ヒトの視覚，嗅覚による判定とを比較した例を示す．

4. 鶏卵の一次加工

表 4.2　自動検卵機[a] とヒトによる判定[b] の精度比較[3]

	無 菌 卵 (10^3/g 以下)		中度汚染卵 (10^3〜10^6/g)		重度汚染卵 (10^6/g 以上)	
	検卵機	ヒ ト	検卵機	ヒ ト	検卵機	ヒ ト
新鮮卵						
合格判定	1 000	1 000	0	0	0	0
不合格判定	0	0	0	0	0	0
13℃貯蔵卵						
合格判定	941	942	22	22	7	19
不合格判定	1[c]	0	0	0	29	17
23℃貯蔵卵						
合格判定	860	872	34	34	11	31
不合格判定	12[c]	0	0	0	83	63
合　計						
合格判定	2 801	2 814	56	56	18	50
不合格判定	13[c]	0	0	0	112	80

a) 浜松テレビ製 SUNX と明電舎蛍光型検卵機の組合せ.
b) 熟練者による外観とにおいの入念なチェック.
c) 実験的に長期保存したものであり,通常の保存条件下では発生しない.

4.4.3 洗　卵

加工される殻付き卵は割卵前に消毒される.産地ですでに洗卵されているものを再度消毒することはあまり意味がない.洗卵する場合,鶏卵の温度より約 10℃ 高い水槽中に鶏卵は入れられ,機械的にブラシ洗いされるとともに,適当な消毒剤で卵殻表面の微生物を殺菌する.また水槽を用いず,トンネル内をコンベヤーで運ばれるとき,消毒剤を吹きつけ,同時に両側からブラシでこすって汚物を落とし,その後水をかけて温風乾燥する形式のもの

があり，こちらの方が世界的に一般化している．消毒剤には次亜塩素酸ナトリウムなどの塩素剤，第四級アンモニウムイオン系のもの，あるいは界面活性剤を配して汚れを落ちやすくしたものなどがある．

洗卵によって卵殻上の細菌数を 1/1 000〜1/10 000 にすることは可能である．しかし，消毒剤の濃度と作用時間を適当なものにしないと，ほとんど細菌数が減少しないこともある．特に次亜塩素酸ナトリウムは鶏糞，卵液などの有機物の混入により，急激にその効力が下がるので注意を要する．洗卵槽の温度を鶏卵の品温より高くする理由は，一つは卵内部を陽圧にして細菌が殻の細孔から内部へ侵入するのを防ぐためであり，もう一つは卵白の粘度を若干ゆる目にして割卵後に卵白が容易に卵殻や卵黄から離れるようにするためである．写真 4.3 は鶏卵の自動洗卵機を示すもの

写真 4.3　自動洗卵機（Kuhl）の内部

である．ちなみに，ヨーロッパ諸国では以前は産地でも加工場でも洗卵は意味がないとして行われず，国によっては法律で禁止されていた．しかし，最近では洗ってもよいという方向に変わりつつある．

欧米では，洗卵後は温風で乾燥してから割卵するよう決められているが，これは細菌の汚染を防ぐためと，水の滴下による液卵の増量を防ぐためといわれる．殻から液卵への細菌汚染については鈴木ら[4]の報告があるが，洗卵済みの卵でも未洗浄の卵でも，汚染の程度は極めて小さいことが示されている．

4.4.4 割卵と分離

割卵は小規模には手割りも行われるが，工業的には割卵機による機械割りが一般化している．割卵機にはSanovo型（デンマーク，毎分170〜500個），Coenraadts型（オランダ，毎分350〜750個），Henningsen型（アメリカ，毎分300個），Seymour型（アメリカ，毎分300個），Columbus型（オランダ，毎分120個）などがあり，近年国産で毎分600個という高速のものも現われた（写真4.4）．

割卵された卵は全卵製造用以外は，直ちに卵黄と卵白に分けられるが，この分離機は割卵機に併設されており，割卵後一連の操作として行われる．分離の操作で注意することは，卵黄中への卵白の混入および卵白中への卵黄の混入をできるだけ防ぐことである．もし卵黄が卵白中に混ざった場合には，オペレーターが別の

写真 4.4　毎分 600 個の自動割卵分離機

ルートへはねて全卵にする．オペレーターはその他に血玉，ミートスポット卵，腐敗卵，異常卵なども除去する．毎分 600 個の割卵機では，これらの操作は先に述べた検卵機や卵黄混入卵白の検出器によって自動的に行われる．卵白はその後さらにインスペクターによって，混入した微量の卵黄を可及的に除去する．

4.4.5　沪　　過

割卵された全卵あるいは，さらに分離された卵黄，卵白は遠心バスケット式あるいは圧力式のストレーナーを通してカラザ，卵殻の小片，あるいは卵黄膜などを除去した後，冷却タンク内に入れる．この沪過によって濃厚卵白の破砕，あるいは全卵では卵黄と卵白の均一化が行われる．ヨーロッパではウエストファリア型の遠心分離機を用いて，比重差によってカラザ，卵殻片を除いているところもある．近年，未沪過で卵黄が割れていない状態のホ

ール液全卵と称する製品も出ている．EC の新しい卵製品規格案では，液卵中の卵殻混入は 100 mg/kg，すなわち 0.01% 以下とされている[3]．

4.4.6 低温殺菌 (Pasteurization)

　低温殺菌とは，卵の成分が熱凝固しない程度の温度と時間の範囲で，液状の卵成分を加熱処理することをいう．もちろん，すべての細菌を殺すわけでなく，耐熱性の菌は生き残るので，殺菌卵製品でも常温流通というわけにはいかない．大規模にはプレートヒーターとホールディングチューブより成る連続式のもの（写真 4.5），小規模には加熱ジャケットおよび撹拌装置を備えたバッチタイプのもの（写真 4.6）が用いられ，いずれも自動的に昇温，保温および，降温が行われる．

写真 4.5　液卵の連続殺菌機

4.4 鶏卵一次加工の実際

写真4.6 液卵のバッチ式殺菌機

殺菌条件は国あるいは会社によって若干の相違があるが，最終製品の一般生菌数を規格以下(国際的には50 000/g以下が多いが，近年ECでは10 000/g以下を推している)にし，大腸菌群が0.1g当たり陰性，サルモネラが20ないし50g当たり陰性となるよう行われる．殺菌温度と時間を苛酷にすれば細菌的には良好になるが，物性面で品質が低下しやすいため，両者のバランスを考えて実施することが大切である．いくつかの国で行われている殺菌条件は，全卵，卵黄で58℃ 4分から66℃ 3分，卵白で55.5℃ 3分から57.2℃ 2.5分といったところで，卵白の方が低い温度しかかけられない[5]．しかし，卵白はpHが高いため，やや低い殺菌温度でもかなりの殺菌効果が得られる．

4.4.7 充　　塡

殺菌された卵液は，その後使用目的に応じて，例えば自工場で

4. 鶏卵の一次加工

すぐ使う場合には約 15°C の冷却卵として供給するとか, 冷凍卵にする場合には約 2°C に冷却して, 次いで適当な容器に充填する. FAO/WHO の勧告では, 殺菌後 5°C 以下に急冷すれば 24 時間まで, 7°C 以下なら 8 時間まで保管してよいとされているが[6], いずれにしても殺菌機に付属の冷却機で直ちに冷やし, 冷却装置付きのタンクに入れる.

加塩または加糖の製品の場合には充填前にミキサーに入れられ, 一定量の食塩 (通常 10% 前後) や砂糖 (10% から 50% くらいまで) が加えられ撹拌溶解される. 卵製品は泡立ちやすく, この溶解操作は真空ミキサー中で行った方がよい. 写真 4.7 は卵黄に

写真 4.7 液卵の加塩, 加糖用ミキサー

加塩や加糖を行うための真空ミキサーを示す．

　外国では乳化力保持のため氷点降下剤としてグリセリンやプロピレングリコールを加えて氷結を防いだりすることがあるが，多量に加えると特異な甘味が出て好ましくない．また，防腐のため安息香酸を加えることもあるが，わが国では行われていない．食塩や砂糖を加えるのは二次汚染防止の意味からは，殺菌前に行うことが望ましいが，製品の粘度が上がるため若干操作がやりにくくなる．加塩や加糖後に殺菌する場合には，若干高目の温度で殺菌する必要があり[7]，この場合，熱凝固も起こりにくくなっている．

　充塡する容器としては通常 12.5～20 kg 容の角型あるいは丸型のブリキ缶で，直接製品を入れる場合には内面塗装が望ましいが，中にポリエチレン袋を入れる場合は無塗装缶でもよい．使用上および充塡上の便宜から，缶蓋は広口の全面蓋のものが多く使われる．近年は硬質プラスチックの容器もよく使われる．小口ユーザー向けには 2～4 kg 程度の紙製のピュアパック入りの冷凍卵製品というのも一般化してきた．写真 4.8 に液卵の充塡装置の一例を示す．

　欧米では近辺の大口ユーザー向けに一次加工卵をタンクローリーや大型コンテナーで配送している．この場合，加工場およびユーザーではそれぞれ数トン容の冷却タンクを 2 基ずつ置き，温度を厳密に 0～2℃ に保って一次加工卵を貯蔵し，ローリーも冷却ないし保温装置を備えたもので，タンクの洗浄消毒を 1 日 1 回は

4. 鶏卵の一次加工

写真 4.8　液卵の充填装置

写真 4.9　液卵の屋外チリングタンクとローリー

必ず行う（写真 4.9）．最近は近辺のユーザーだけではなく，ベルギーからイギリスといった海を越えての液卵の輸出入もローリーやコンテナーで行われている．また，ベルギーからイタリアの

ミラノまで1500kmというのも，冷却液卵の配送範囲となっているが，ヨーロッパの道路事情も関与していると思われる．保温装置だけの10トン容コンテナーでも充填時1℃のものが，夏場18時間（ただし夜間積み出し）での温度上昇はわずか1～2℃であるという．1～2トン容のステンレスやプラスチックのコンテナーに液卵を詰めて，冷却状態で中規模のユーザーに配送するというのもオランダ，ベルギーあたりでは一般化している．ユーザーと卵加工場が近接している場合には，液卵をパイプで移送するという例もイギリスにある．

4.4.8 冷　　凍

容器に充填された液卵は，冷却状態で販売するものを除き，直ちに急速凍結室に入れて凍結する．急速凍結は通常-30～-40℃で行われ，時間は一晩すなわち約16時間である．全卵，卵黄，卵白の氷結点は約-0.5℃，11%加塩卵黄は-18℃以下，50%加糖の卵黄や全卵では-20℃以下である．したがって，これらの加塩や加糖の液卵は-18℃くらいの冷蔵庫中では凍ることなく保管されており，近年流行のいわゆる氷温冷蔵の状態となっている．

比熱（単位cal/g/℃）は，氷結点以上では全卵0.88，卵黄0.75，卵白0.94，加糖や加塩の卵黄は0.75といったところであり，氷結点以下ではすべての製品につき0.5である．また，氷結の潜熱（単位cal/g）は全卵59，卵黄44，卵白70である．したがって卵

白が最も凍るのが遅く,また融けるのも遅く,卵黄が最も早く凍ったり融けたりする.

凍結室内に一次加工卵を並べる場合は,熱の伝わりをよくするため缶と缶との間隔はある程度あける必要がある.また卵黄の場合,加塩や加糖によって微生物の繁殖はある程度抑制されるので急速凍結室でなく,-15℃くらいの冷蔵庫に初めから入れた方がゲル化の防止になる.急速凍結を終った一次加工卵は,-15～-20℃の冷蔵庫に移され,出荷まで保管される.

4.4.9 濃縮液卵

液卵白を逆浸透(Reverse osmosis)または限外沪過(Ultrafiltration)といった手段で2倍濃縮されたものが冷凍で商品化されている.卵白には水分が88%もあり,これをそのまま冷凍,保管,運送することは経済的に不利であることから,濃縮して冷凍費,保管費,運搬費を節約しようとするものである.濃縮による卵白の機能特性の損失はまったくない.全卵の場合,これらの方法では濃縮が困難であり,真空加熱法によって濃縮する.卵白でも全卵でも2倍濃縮程度では保存性の向上までには至らず,長期保存にはやはり冷凍する必要がある.近年,全卵でも2倍濃縮できる限外沪過装置がフランスやオランダで開発され実用化されている.

写真4.10は卵白濃縮用の逆浸透装置を示す.

4.4 鶏卵一次加工の実際

写真 4.10 卵白の逆浸透濃縮装置
（デンマーク Sanovo 社）

4.4.10 乾　燥　卵

　乾燥卵は，液卵をスプレードライやパンドライで水分を3〜17％程度に減らして，粉末状やフレーク状にしたものである．フリーズドライでも良質な乾燥卵が得られるが，コスト的に高くつく．乾燥卵は室温保存しても細菌学的には問題ない．

　液卵，特に卵白中には遊離のグルコースが存在し，乾燥して保存すると，これが卵タンパク質中のアミノ基と反応して，褐変を生じたり不快臭を発したりする．そのため卵白では，乾燥前に細菌，酵母，あるいはグルコース酸化酵素などを使って，グルコー

スを乳酸，アルコール，グルコン酸などに変えてしまう．全卵や卵黄ではこの処理は必須ではない．細菌や酵母で処理した場合には乾燥後，熱処理室に入れて55～60℃で7～21日間かけて殺菌する．

乾燥卵は水に溶かしてから使うため若干不便であるが，保管が容易なこと，濃い濃度での使用が可能なこと，乾燥食品に使えることなどから特殊な需要をもっている．

写真4.11は各種乾燥卵を示す．

写真4.11　各種乾燥卵

4.4.11　鶏卵加工におけるサニテーションの重要性

鶏卵は栄養に富んでおり，細菌にとっても絶好の培地となる．液全卵では25℃ 24時間で初めの1万倍もの菌数に達する．したがって，卵の加工を行う部屋はなるべく温度を低く保つととも

に，頻繁に機械器具の洗浄消毒を行う．2～3時間間隔で行えば，たとえ滞留している部分でも1桁以内の菌数増加に留まる．特に1日の作業の終了時にはアルカリ洗剤洗い，水洗，熱湯消毒による丁寧な処理が望ましい．休憩時間の洗浄消毒は洗剤洗い，水洗，次亜塩素酸噴霧程度でもよい．次亜塩素酸ナトリウムだけの消毒で，かつ器械が濡れたままで翌日まで置かれた場合，再度菌が増殖している可能性がある．このような場合，翌日作業開始前に，もう一度消毒剤を噴霧することが望ましい．

写真4.12は，近年開発されたロボット化された割卵機洗浄消毒装置を示す．

写真4.12 割卵機のロボット洗浄装置

文　献

1) EC, "Official J. of the European Communities", C67, Vol. 30,

p. 11 (1987).
2) 今井忠平, "鶏卵の知識", p.54, 食品化学新聞社 (1983).
3) Imai, C., Saito, J., *Poultry Sci.*, **64**, 1891 (1985).
4) 鈴木 昭ほか, 食衛誌, **20**, 247 (1979).
5) 今井忠平, 食品工業, **19**, (14), 57 (1976).
6) Cotterill, O.J. (Stadelman, W.J. *et al.* ed.), "Egg Science and Technology", 2nd Ed., p. 134, Avi Publ. Co., Inc., Westport, CT (1973).
7) Lineweaver, H. *et al.*, "Egg Pasteurization Manual", p. 12, U.S.D.A. (1969).

5. 卵の食品への利用

5.1 はじめに

　卵が食品として用いられるのは，肉や魚などと同様，風味がよく栄養的にも優れたタンパク源であるからである．卵には乳化性，熱凝固性（結着性），起泡性といった特殊な性質があり，卵の種々の調理法に応用されている．また酸凝固性もあるが，食品にはあまり利用されていない．アルカリ凝固性はピータンに利用されている．

　卵の食べ方には生卵，ゆで卵，目玉焼きといった簡単なものから，マヨネーズ，ケーキ類のように手のこんだものまである．また応用には和風，洋風，中華料理，副食から菓子まで，あるいは卵主体のものから添加物的に少量加えるものまで極めて幅が広い．ここでは卵の機能特性と，その食品への応用について述べる．

5.2 卵の機能特性

5.2.1 乳化性

　液卵黄や液全卵がマヨネーズやサラダドレッシングに用いられ

るのは，その乳化性，すなわち水と油といった元来混ざり合わないものを混ぜ合わせる力をもっているからである．卵黄の乳化力は，レシチンと卵黄タンパク質の結びついたレシトプロテインによるものといわれ，レシチン単独あるいは卵黄タンパク質単独では乳化力は発揮できないといわれている[1]．卵黄には親水性のレシチンやケファリン，親油性のステロール類が存在し，これらによって水と油を結びつける役割を果たしている．

液卵黄や液全卵の乳化力の測定には，一定の配合のマヨネーズやサラダドレッシングを一定のミキサーで同一条件で作製し，その粘度を測定するとともに，できた製品を瓶に詰めて0℃以下の低温に一定期間放置後，常温に戻して遠心分離し，浮上した油の容量を測るという方法，あるいは肉眼的に油の分離が認められるまでの日数を測るといった方法が用いられる．卵白の乳化力は卵黄に比べてかなり低く，通常のマヨネーズ配合においては卵黄の1/3ないし1/2とみた方がよい．

液卵はまたアイスクリームにも用いられるが，これもその乳化性を応用したものであり，製品に独特の風味を与え，ボディとテクスチャーの改善に大きな効果があり，凝固点を変化させずに粘度を高める働きがある．この場合，加糖冷凍全卵が使用上便利で品質上も有利である．

5.2.2 熱凝固性と結着性

卵白タンパク質の主要成分であるオボアルブミンは熱によって

5.2 卵の機能特性

変性凝固し，この性質はハム・ソーセージ，水産凍り製品などの結着剤，めん類の腰の増強などに応用される．全卵の場合には茶椀蒸し，オムレツ，卵焼きなどをはじめとする，ほとんどの卵料理にこの熱凝固性が利用されている．

卵白は57℃で粘度を増し，58℃で白濁し始め，62℃以上になると流動性を失って軟らかいゼリー状になるが，さらに温度を上げるに従って硬さを増す．70℃で塊状となるが，まだゼリー状を保ち，それ以上になってはじめて固化する．卵黄は65℃前後から粘稠となりゲル化が始まり，70℃以上になると流動性を失う．卵黄の凝固には卵白よりも高い温度が必要であるが，卵黄は元来固形分が多いため，軽いゲル化でも一見硬い感じを与える．

温泉卵というのは，卵黄が硬くて卵白が軟らかい状態の半熟ゆで卵であるが，これは卵を68～70℃の湯中で30～40分ゆでたも

写真5.1　温　泉　卵

5. 卵の食品への利用

写真 5.2　レオメーターによる卵のゲル強度の測定

のである（写真 5.1）．

　卵の凝固力の測定法には決められたものがなく，通常は一定の条件下で熱凝固させた液卵を一定のサイズに切断し，レオメーターによってそのゲル強度を測定する方法がとられている（写真 5.2）．

5.2.3　起　泡　性

　起泡性も卵の重要な機能特性の一つであり，特に卵白の場合重要視される．この性質が強く要求されるのは主として製菓・製パン関係である．単に生じた泡のボリュームが大きいだけでなく，その泡が硬いもの，および液戻りしないものが良質とされる．一般に起泡力が高ければ泡も硬く，液戻りも小さい．

　起泡力の測定は，写真 5.3 のようなホバートミキサーを使って液卵を泡立て，生じた泡の高さを測って行うが，一定の錘を使っ

—114—

5.2 卵の機能特性

写真 5.3 ホバートミキサーによる卵白の起泡力の測定

て泡の硬さを測るとともに，1時間後に液に戻った卵白の重量%を求める．卵黄混入の少ない卵白では通常 10～15 cm の起泡力を示し，泡の硬さは 100 g 以上となり，液戻りも 10% 程度である．全卵でも起泡力は 10 cm 弱はあるが，泡は軟らかく液戻りも通常測定しない．卵黄は水で希釈すれば泡は立つが，そのままでは泡は立たず，起泡性は重要視されていない．

諸外国では卵白の起泡性を高めるため，胆汁末，サポニン，トリアセチン，脂肪酸のナトリウム塩，デソキシコール酸，コール酸ナトリウム，ラウリル硫酸ナトリウムなどの起泡助剤を添加することがあるが，わが国では許可されていないものが多く，通常は行われていない．

5.3 卵の乳化性の利用

5.3.1 マヨネーズとサラダドレッシング

マヨネーズやサラダドレッシングの安定性には,油の含量,酢や食塩のパーセント,製造方法など,卵黄以外にもいろいろな要素があって,単に卵黄の面からいうことは難しい.一般的にいうならば,油含量が少な目のマヨネーズでは卵黄が多いほど製品は安定である.

一般にマヨネーズ類には新鮮卵黄,新鮮全卵,加塩冷凍卵黄が用いられ,プレーン(食塩,砂糖など添加物の入っていないもの)の冷凍卵黄や冷凍全卵はあまり用いられない.これらは卵黄タンパク質が低温変性するため,でき上がったマヨネーズの安定性がやや劣ってくるからである.10%程度に加塩した冷凍卵黄では,−18℃くらいまでなら凍らずに氷温冷蔵の形で保存され,乳化力は特に低下しない.

マヨネーズおよびサラダドレッシングの代表的な配合例をあげ

表5.1 マヨネーズの配合例(%)

成分＼例	A	B	C	D
植 物 油	65.0	77.3	78.8	81.2
卵 黄	17.0	9.0	8.5	6.3
食 酢	13.0	10.5	9.5	9.3
香辛料など	5.0	3.2	3.2	3.2
計	100.0	100.0	100.0	100.0
カロリー数	642	728	738	752

5.3 卵の乳化性の利用

表5.2　サラダドレッシングの配合例(%)

成分＼例	A	B	C
卵　　　黄	4.0	5.0	6.0
植　物　油	30.0	35.0	40.0
香辛料など	6.0	5.0	4.0
砂　　　糖	10.0	9.0	8.0
糊化デンプン	50.0	46.0	42.0
計	100.0	100.0	100.0

ると表5.1, 5.2のようである．一般に植物油の量が多いほど卵黄量は少なくてよく，植物油量が少ないほど卵黄を多く必要とする．マヨネーズ類には卵黄のみが使われることが多いが，全卵の形で使われることもあり，特に欧米ではその例が多い．マヨネーズ中での卵黄の最少必要量は固形分で1.35%（液卵黄で2.7%）といわれ，また液全卵では6.13%といわれているが，商業的に流通できるにはもう少し多い卵黄分が必要であろう．

マヨネーズの製造法の概略は，まず卵黄，食酢，調味料，香辛料などをミキサーに入れて撹拌し，卵黄および粉末成分を充分に食酢に溶かす．次いで撹拌を続けながら油を徐々に注加してゆき，加え終ってからさらに数分撹拌を続ける．料理書には食酢は初めに全部加えずに一部だけにしておき，残余は油と交互に加えるよう記載されていることもあるが，機械で撹拌する場合は初めから全部加えておいて差支えない．以上のミキシングを終えたら，通常これをコロイドミルに通して乳化状態をさらに細かくする．ただし油含量が90%以上のものは，コロイドミルに通すと

5. 卵の食品への利用

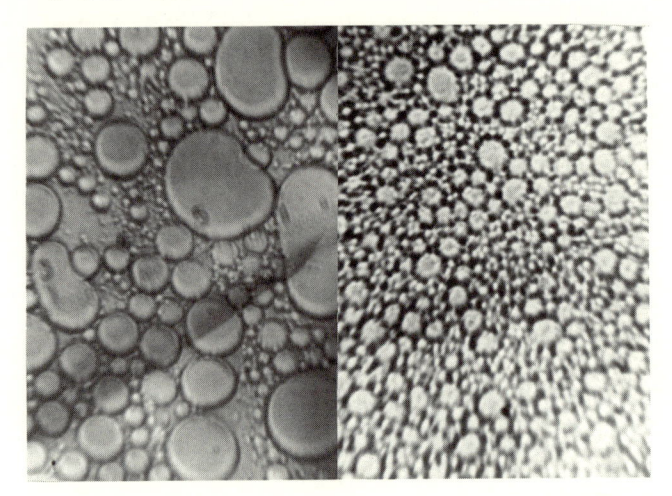

写真 5.4　マヨネーズの顕微鏡写真（左はコロイドミル通過前，右は通過後）

分離しやすい．コロイドミル通過後のマヨネーズは油滴粒子が2ミクロン程度の均一なものとなり（写真 5.4），粘度もかなり上昇する．これをフィラーに送り容器に充填して製品とする．

　マヨネーズを手作りで作るには，機械の場合と同様，初めにボールに卵黄，食酢，食塩，香辛料などを入れ，泡立て器で撹拌する．均一になったら油を少しずつたらしながら撹拌を続ける（写真 5.5）．粘度が高くなってくると，油が混ざりにくくなるので，油の添加を時々ストップして撹拌状態を良くしてから再び油の添加を続けてもよい．手作りの場合は，油の比率が高い配合の方が適当な粘度のものが得られる．

5.3 卵の乳化性の利用

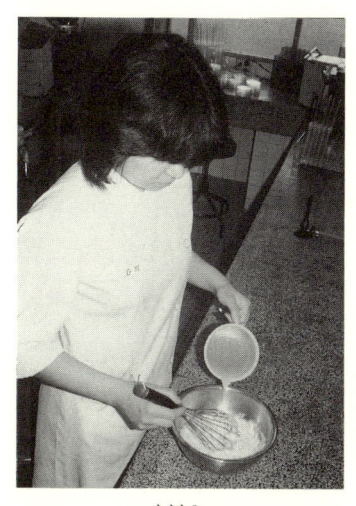

写真 5.5 マヨネーズの手作り

マヨネーズは生物（なまもの）の一種といえるが，商業的な製品では卵黄は殺菌されていて食中毒菌は存在しないし，また食酢が適量入っているため，通常の微生物は仮に飛び込んだとしても繁殖できない[2~4]．家庭で作る場合には，卵黄は殺菌されないし，食酢の量も少ないうえ，作ってからすぐ使うことから，もし卵黄中に食中毒菌がいた場合には，それが死なないうちに使われる恐れがある．したがって，家庭でマヨネーズを作る場合には，新鮮な卵を使うことと，食酢の比率に気をつける必要がある．

マヨネーズは卵成分を凝固に至るまで加熱することなく，食酢によって pH を下げて保存性のある食品とした数少ない例の一つであり，わが国では戦後の食生活の洋風化と相まって急速な消費の増大がみられた．

5.3.2 アイスクリーム

卵の乳化性を利用したもう一つの例にアイスクリームがある．卵はたいていのアイスクリームに用いられているが，その含量は種類によって千差万別である．アイスクリームにおける卵黄の役目は，風味の向上およびボディとテクスチャーの改善である．特に卵黄の表示がない場合は，卵黄固形分として 0.5％以下が普通である．卵黄使用のアイスクリームの配合例をあげると表5.3[5]のようである．

表5.3　卵黄使用アイスクリームの配合例(％)[5]

配　合　A		配　合　B	
卵　　黄　　粉	0.54	安　　定　　剤	0.33
安　　定　　剤	0.56	冷　凍　卵　黄	1.00
脱　脂　粉　乳	9.27	加　糖　練　乳	2.78
砂　　　　　糖	14.00	コーンシラップ	3.33
クリーム (30％)	32.25	砂　　　　　糖	10.40
水	43.38	コンデンス脱脂ミルク	12.81
		クリーム (40％)	26.58
		ミルク (4％)	42.57
計	100.00	計	100.00

アイスクリームの製造法は，まず粉末成分（アイスクリームミックス）を水，牛乳，クリームなどの液状成分によく撹拌溶解させ，沪過後ホモゲナイザーで均質化する．次いで微生物の殺菌や酵素の失活のため加熱を行うが，プレートヒータータイプの殺菌機か超高温短時間殺菌（UHT）方式で行われる．その後プレートクーラーで 0～4℃ に冷やし，数時間この温度におく．次いで

各種のフレーバーを添加し,フリーザーに通して空気の封入と凍結を行う.フリージングの温度は−4〜−7℃がよく,これより高いとオーバーラン(空気混入による容量の増加)が少なく,テクスチャーも悪い.オーバーランは連続フリーザーの場合80〜100%である.

乳等省令(乳及び乳製品の成分規格等に関する省令)によれば,アイスクリームの殺菌条件は68℃ 30分相当以上と決められている.製品の一般生菌数は1g当たり10万以下,大腸菌群陰性と規定されている.夏期の一斉検査などで,ときたま細菌的に不合格なアイスクリームのあることが報じられるが,製造上および保管配送上注意を要する.

5.4 卵の熱凝固性,結着性の利用

5.4.1 水産練り製品

卵,特に卵白の熱凝固性,結着性は,水産練り製品や畜肉製品などにおける結着剤,弾力補強剤,離水防止剤として利用される.卵白がこれらの用途に使われるのは,天然の結着剤であること,風味が比較的無味に近く,これら練り製品の本来の味にあまり影響しないからである.卵白のかまぼこへの利用は,江戸時代からすでに補強剤あるいは色を白くする作用などで知られている.今日では卵白はかまぼこに広く用いられ,その目的は足の補強と白度の向上および,坐り効果(かまぼこ原料の混練後ある時

間放置してから蒸すと弾力が増す)の増大である.

かまぼこに卵白を使う場合,擂潰機(らいかいき)にすり身を入れて少しすりつぶし,次いで食塩を入れて塩ずりを行い,さらにみりん,バレイショデンプン,グル曹(グルタミン酸ナトリウム),水,卵白を少しずつ混ぜ,型に入れて成型し,中心温度80℃で20分ほど加熱後冷却する.この際,冷凍卵白の半解凍状態のものを加える方が,擂潰中の製品の温度を下げる効果があり,わざわざ氷などを加えて冷却する必要がない.卵白の添加量はすり身に対して10～20%がよく,また坐りを行った方が卵白の添加効果が大きい.

かまぼこのほかに,卵白は魚肉ソーセージ,はんぺん,ちくわ,さつまあげなどの水産練り製品にも用いられる.

5.4.2 畜 肉 製 品

卵白は畜肉製品にも使用される.卵白の畜肉製品への利用は古い製法にもみられ,特にハンバーグに全卵または卵白をつなぎとして加えることは一般的に行われている.ソーセージへも卵白は熱凝固性,結着性,風味の向上を目的として使われる.また畜肉製品においては卵白の添加により,製造工程でのクッキングロスが少なくなり,歩留りが向上することが知られている.ハムでは卵白の注入により弾力性などのテクスチャーの改善,歩留り向上などの効果が出ることが知られている.

5.4.3 めん類

卵白はまた,めん類に対しても腰の増強やボイル時の溶出防止に効果がある.乾燥卵白が使われることが多いが,乾燥卵白以外に安定剤,粘稠剤などを配しためん用ミックスパウダー製剤も商品化されている.

5.4.4 その他

卵焼き,茶碗蒸し,卵豆腐,ゆで卵なども卵の熱凝固性を利用したものである.家庭で,あるいは業務筋で作られる以外に,近年では冷凍やチルドの商品として工業的にも作られるようになってきた.これら商品を作るには殻付き卵同様に一次加工卵が用いられる.またスープ製造,氷砂糖製造,醸造工業などにおいて溶液を清澄化する必要のある場合,卵の熱凝固性を利用して,溶液に卵白を混ぜて静かに加熱し卵白を凝固させた後,沪過すること

写真5.6 ロングエッグ

によって目的を達することができる.

写真5.6はロングエッグと称するゆで卵の一種で,いったん分離した卵黄と卵白を,ゆで卵の断面をもつような長い棒状に再成型したものである.

5.4.5 卵の加熱と硫化黒変

ゆで卵の殻をむくと,卵黄の表面が暗緑色を呈していることがある.これは卵黄の表層1mmくらいの所で起こるものであり,卵黄の内部には及ばない.これは卵白タンパク質中の硫黄分と卵黄中の鉄分が反応して硫化鉄を生じるために起こる現象である.極端な場合,卵黄と接する卵白にまで黒変が及ぶ.

硫黄分は卵黄中0.016%しか含まれてないが,卵白中には0.195%と多く,逆に鉄分は卵白中には0.0006%と少ないが,卵黄中には0.011%と多く含まれている.また卵白中の硫黄はpHがアルカリ側にあるため,遊離して出てきやすい.この現象は加熱温度が高く,加熱時間が長いほど起こりやすく,半熟卵程度の加熱では起こらない.また,ゆでた後急冷すると,発生した硫化水素が卵黄の方へ行かずに,表層の卵白部へ行くため,黒変は軽くてすむ.この変化は卵白pHが高いほど起こりやすいので,鮮度が古い卵ほど起きやすいことになる.

加熱した卵の硫化黒変現象は,ゆで卵ばかりでなく,卵焼き,卵豆腐など全卵状態のものにもみられる.これはpHを若干下げることによって防止できるが,食感がいくらか変わることがあ

る．殻むきゆで卵の缶詰を作るときは，殻をむいた後，薄い食用酸の溶液に漬けてから水洗して缶詰にする．このような方法で作れば黒変が起きないことが知られている．

5.4.6 ゆで卵の殻のむきやすさ

ゆで卵の殻をむく際，非常に簡単にむける場合と，困難な場合があるのを，大方の人は経験していると思う．

ゆで卵の殻のむきやすさに関してはいくつかの研究例があるが，それらを要約すれば，産まれたばかりの新鮮卵ではむきにくく，古い卵を使えばむきやすい，卵白 pH が低い方がむきにくく，高いとむきやすいという．先に述べた硫化黒変の逆になっている．

表 5.4[6] は産卵直後，1，2，4 週間保存した卵の殻をむくのに要する時間（1 個当たりの秒数），歩留り（殻をむいた後の重量/殻付きの重量）および，むいた後の外観の点数（4 点…全く無傷，1 点…非常に傷が多く，卵黄も見える状態）を示したものである．産卵直後の卵では 1 個をむくのに 109 秒を要し，しかも外観も非

表 5.4 卵の鮮度とゆで卵の殻のむけやすさとの関係[6]

測定項目	保 存 期 間 （週）			
	0	1	2	4
むく時間(秒)	109±24[a]	38±16	22±11	27±11
歩留り(%)	79.5±7.5	89.8±2.3	89.1±0.9	90.1±0.7
外　観(点)	1.9±0.57	3.1±0.83	3.9±0.56	3.7±0.41

a) 100 個の測定値の平均と標準偏差．

5. 卵の食品への利用

常に悪いのに対し，1週間（7月）たてば38秒でむけるようになり，外観もかなりきれいであり，さらに2週間保存ではもっと簡単にむける．実際には室温に3日も置けば充分にむきやすくな

写真 5.7　非常に新鮮な卵のゆで卵

写真 5.8　室温2日後の卵のゆで卵

写真 5.9　ゆで卵の硫化黒変（下 3 個は新鮮卵の黄味，上 4 個は古い卵の黄味）

る．写真 5.7, 5.8 は産卵直後の卵および 2 日後の卵をゆでて殻をむいた状態を示す．また写真 5.9 は新しい卵と古い卵から作ったゆで卵の卵黄（硫化黒変の違い）を示す．

5.5　卵の起泡性の利用

鶏卵がケーキ類に用いられるのは，その風味や栄養価などにもよるが，泡立ちがよく，最終製品がふっくらと焼き上がるからである．一般に卵白は乾燥でも冷凍でも泡立ちはよいが，全卵では液または冷凍の場合ある程度泡立つものの，乾燥全卵ではまったく泡立たない．卵黄は乾燥物ではまったく泡立たず，液卵黄では濃度が薄ければ泡立つが腰は弱い．したがって乾燥の全卵や卵黄を使用する場合は，酵母による発酵を行うとか，重曹，その他の

発泡剤を入れることが必要である．卵白を泡立てる場合は，通常小麦粉を入れる前に充分泡立てておく．ケーキの代表例として，家庭用エンゼルケーキとカステラの作り方を次にあげる．

5.5.1　家庭用エンゼルケーキ

乾燥卵白 36g，微粉砕グラニュー糖 72g，リン酸一カルシウム 0.5g をよく混ぜて篩濾(ふるいご)しする．これに水 225ml を加えやや固い泡が得られるまで撹拌する．これにケーキ用小麦粉 80g，小麦デンプン 10g，食塩 1.3g，バニラフレーバー適宜，微粉砕グラニュー糖 150g，リン酸一カルシウム 1.7g よりなるミックスを加えて混ぜ合せ，190℃ で焼成する．

5.5.2　カ ス テ ラ

配合は小麦粉 1000g，液卵黄 600g，液卵白 1200g，上白糖 1200g，香料適量とする．卵黄をミキサー中に入れ，砂糖 900g を加えて高速で3分撹拌する．別のミキサーに卵白を入れ残りの砂糖を加えて，初め中速で2分，続いて高速で3分撹拌する．卵黄の中へ卵白の泡と小麦粉を交互に加え軽くかき混ぜる．ケーキ型の底にハトロン紙を敷きドウを流しこむ．200℃ で 40 分焼成する．

5.5.3　ケーキに卵を使用する際の注意

ケーキ製造においては卵黄と卵白を一緒に泡立てる共立て法

と, 卵黄, 卵白を別々に泡立てる別立て法があるが, 別立て法の方が卵白の泡立ちを最大にできるため, 最終的に大きな容積を得ることができる. また, 砂糖は初めから大量に卵に加えて撹拌するとあまり泡立ちがよくないので, 初めに一部だけ加えて, 残りは泡立った後に添加するようにする.

全卵については, 低温では起泡力が低いため, 30℃くらいに暖めて使った方がよい起泡力が得られる. 一方, 卵白においては, 温度による起泡力の変化は比較的小さく, かつ泡の安定性は低温の方がやや良いため, 15℃くらいの方が良好な泡を得ることができる. 泡立て時間は長い方がよく泡が立つが, これも限度を超すと泡の容積は減ってゆく.

5.5.4 製菓における熱凝固性の利用

製菓関係では前述のエンゼルケーキ, カステラ以外にもドーナツ, パウンドケーキ, ソフトロール, バウムクーヘン, マシュマロ, メレンゲなど, 卵の起泡性を利用したものは多い. 同じ製菓関係でも卵の起泡力を利用するのではなく, その熱凝固性を利用した製品もある. 例えばババロアとかカスタードプリンといったものである.

5.6 生卵としての利用

以上, 卵の利用法について, 乳化, 加熱凝固, 起泡といった機

5. 卵の食品への利用

能特性の面から食用としての用途を述べた．鶏卵ではその他に，生で食べる用途もあり，これは特にわれわれ日本人に多い慣習である．生卵に醬油をかけて朝食のとき食べる，すき焼きに生卵をつける，納豆やトロロイモに生卵を混ぜて食べる，あるいは多少煮えているかもしれないが月見うどんの類など，ごく手軽に生の卵を食べている．

欧米人は卵を生で食べることを概して嫌うが，これは生の卵にはサルモネラがいて中毒を起こすと考えているからである．しかし以前は，通常の卵の中味にサルモネラが存在することはほとんどなく，また仮に初めわずかな数が存在しても現在の流通保管の条件から考えて，中毒を起こすほどの菌数に至ることは考えられていなかった．しかし平成元年以降，サルモネラ・エンテリティディス問題が起こり，その危険性が論議されるようになってきた．このことについては，第9章で詳しく述べることにする．

欧米でも卵を生で食べる例が全くないわけではなく，例えばタルタルステーキという料理は生の挽き肉に生卵黄，ソース，調味料，薬味などを混ぜてステーキ状に成型しただけのものである．似た例は韓国料理にもあり，ユッケピビンパプというのは薬味や調味料は韓国風であるが，タルタルステーキと同じ材料を飯の上にのせたものである．ヨーロッパでは生の卵黄に砂糖，アルコール，フレーバーなどを混ぜた卵酒（Advocaat, Egg liqueur）が商品として出回っているが，これもアルコールで殺菌されているかもしれないが，生の卵の応用である．またエッグノッグ（Egg nog) という飲み物は，生の卵に牛乳，砂糖，フレーバーなどを入れて混ぜたものである．

文　献

1) Sell, H.M. *et al.*, *Ind. Eng. Chem.*, **27**, 1222 (1935).
2) 鈴木　昭ほか，食衛誌, **23**, 45 (1982).
3) 今井忠平, 斉藤純子, ニューフードインダストリー, **27**, (7), 4 (1985).
4) 今井忠平, 斉藤純子, 同誌, **27**, (8), 24 (1985).
5) 今井忠平, "鶏卵の知識", p.130, 食品化学新聞社 (1983).
6) Imai, C., *Poultry Sci.*, **60**, 2053 (1981).

6. 卵の医薬,化粧品への利用および変わった使い方

6.1 は じ め に

　卵の用途としては食用が圧倒的に多いが,近年,卵の中の特殊な成分を抽出,精製したファインケミカル的な製品が登場してきた.例えば,卵白から抽出されるリゾチーム,卵黄から作られるレシチンなどが医薬,化粧品などに用いられている.その他にも一般にはあまり知られていないが,卵は以前から細菌試験における培地あるいは試薬としての用途,ワクチンを作るときの培地としての用途などもある.卵の成分中には栄養学的によく知られたものもあるが,まだその組成や作用のよく知られていない微量成分も多く,今後の研究が期待されている.

6.2 リゾチーム

6.2.1 リゾチームの分布と生産

　リゾチーム（Lysozyme,英ライソザイム）は,1922年アレキサンダー・フレミングによって鶏卵中から発見された酵素で,そ

の溶菌作用（lysis）から Lysozyme と命名されたものである．この酵素は動物の組織，体液，植物，微生物などに広く分布しているが，卵白中の含量が約 0.3% と最も高い．卵白は他のリゾチーム含有物質に比べて生産量が豊富であり，価格も比較的安価であり，また卵白からのリゾチーム抽出操作は比較的容易であることから，現在，医薬品用あるいは食品保存料としてのリゾチームはすべて卵白から生産されている．

わが国における卵白からのリゾチームの商業的規模での生産は昭和 40 年頃から始まり，47 年頃にはリゾチーム原末の国内生産量は 5 トン程度に達し，その後最高 8 トン程度に達したこともあるが，海外からの安価な原末の輸入もあって，国内での卵白リゾチームの生産はやや伸び悩んでいる．しかし，原料リゾチームからのリゾチーム製剤の生産は年々伸びてきており，その売上金額は 200 億円にも達している．

6.2.2　リゾチームの作用

リゾチームは N-アセチルグルコサミンと N-アセチルムラミン酸の $\beta 1 \rightarrow 4$ 結合を加水分解するものであって，この結合はムコ多糖類やある種の細菌の細胞壁中に存在し，この結合の解裂によって菌体が溶かされるので，溶菌酵素とも呼ばれる．リゾチームが食品の防腐に用いられるのは，この溶菌作用によるものである．

リゾチームによって溶かされる菌はグラム陽性菌というグルー

6. 卵の医薬,化粧品への利用および変わった使い方

表6.1 リゾチーム[a]の各種微生物に対する静菌効果[1]

試験微生物	効果あり	やや効果あり	効果なし	計
グラム陰性菌	3[b](8.8)[c]	2(5.9)	29(85.3)	34
グラム陽性菌	17 (85.0)	0(0.0)	3(15.0)	20
乳酸桿菌	2 (25.0)	0(0.0)	6(75.0)	8
酵　　母	2 (18.2)	2(18.2)	7(63.6)	11

a) 200ppm, b) 菌株数, c) %.

表6.2 リゾチーム[a],モノカプリン[b],ヘキサメタリン酸ナトリウム[c]併用の静菌効果[1]

試験微生物	非常に効果あり	効果あり	効果なし	計
グラム陰性菌	17[d](65.4)[e]	9(34.6)	0(0.0)	26
グラム陽性菌	19 (79.2)	5(20.8)	0(0.0)	24
酵　　母	9 (90.0)	1(10.0)	0(0.0)	10
計	45 (75.0)	15(25.0)	0(0.0)	60

a) 200ppm, b) 100ppm, c) 0.75%, d) 菌株数, e) %.

プのものに多く,グラム陰性菌はあまり溶菌されない.表6.1[1]は各種微生物に対するリゾチームの静菌効果を示すものであるが,微生物の種類によって効いたり効かなかったりすることがよくわかる.事実,殻付き卵の表面上にはグラム陰性菌,陽性菌の両方がいるが,これらが卵内部へ侵入しても,グラム陽性菌は卵白中のリゾチームによって抑えられるため,鶏卵内部に見出される菌はほとんどがグラム陰性菌によって占められている[2].また表6.2[1]は,リゾチームにモノカプリン,ヘキサメタリン酸ナトリウムの二者を併用した場合の静菌効果を示すが,ほとんどの微生物に効くようになっていることが知られる.

リゾチームによる溶菌作用を最も受けやすい細菌は *Micrococcus lysodeikticus* であって，この菌の懸濁液を溶かして透明化する度合を測ることによって，リゾチームの活性を測定する．リゾチームは細菌の遺伝子組換え操作において，細胞壁を溶かしてDNAを取出すのに用いられるが，その際，EDTAなども加えて溶菌作用を助長することが行われる．

6.2.3 リゾチームの製法

卵白からリゾチームを採取する方法には，大別して塩析法とイオン交換ゲル法（吸着法）の二つがある．塩析法は卵白に希カセイソーダを加えてpHを約9.5に調整し，さらに食塩を5％加えて溶解し，これを撹拌しながら僅量の等電点リゾチームの結晶を加え，4℃に放置して1日数回撹拌していると，数日中に卵白中のリゾチームが析出してくる．これを遠心分離してpH4.5の希塩酸に溶かし，不溶物を遠沈して除き，この溶液にカセイソーダ，食塩を加えて再度リゾチームを析出させ，この操作を数回繰り返して精製する．さらに透析またはイオン交換膜などによって脱塩し，凍結乾燥して等電点リゾチームを得る．この方法ではリゾチーム抽出後の卵白に約5％の食塩が含まれ，その後の利用の途が限定されるため，現在この方法はほとんど使われなくなり，その原理が精製の過程で応用されるだけになっている．

イオン交換ゲル法は，卵白を希塩酸でpH6に調整後，ある種のイオン交換ゲル粉末を加えてよく撹拌し，リゾチームのみをこ

のゲル粉末に吸着させ,これを遠心沈澱または静置沈澱して卵白液部を除き,ゲルを 0.5% 食塩水で洗った後,5% 食塩水で抽出し,カセイソーダで pH10.5 に調整してリゾチームを結晶させる.この方法によるときは,抽出済卵白は食塩を含まず,またその他の機能特性も変化を受けないため利用の範囲は広い.また製造に要する時間も塩析法に比べてかなり短くてすむ.欠点としては使用するイオン交換ゲルの値段が高いことであるが,これも長期間繰り返し使えるので,そう大きくコストに響くものではない.精製後のリゾチームの乾燥は,真空凍結法によるかスプレードライ法によっている.

6.2.4 リゾチームの用途

リゾチームの食品関係への利用としては,まず食品の保存料としての用途があり,ソーセージ,かまぼこ,鶏肉などに添加すると,その保存期間を伸ばせることが知られている.また清酒の変敗の原因になる火落菌に対して,抑制作用を示すことも知られている[3].リゾチームとアミノ酸の一種であるグリシンとを混合した製剤が食品保存料として市販されている.

先に述べたように,リゾチームはグラム陽性菌には効くが,グラム陰性菌には効かないので,単品の保存料としては汎用性に乏しい.したがって,ある程度の加熱が行われてグラム陰性菌が存在しないような食品,pH がある程度低くてグラム陰性菌が繁殖できない食品などに応用すべきであろう.

6.2 リゾチーム

加熱との併用の場合,リゾチームが熱によって不活性化することも考慮に入れる必要がある.リゾチームと他の静菌剤との併用によって,その抗菌力を高めようとする試みも数多く行われている.例えば胆汁酸塩,モノグリセリド,EDTA,ポリリン酸塩,酢酸ナトリウム,チアミンラウリル硫酸ナトリウムなどとの併用である.

図 6.1 および 6.2 はリゾチーム単独では静菌効果のない大腸菌 (*E. coli*) およびセレウス菌 (*B. cereus*) に対するリゾチーム,モノカプリン,ヘキサメタリン酸ナトリウムより成る調合静菌剤の効果を示すが,このようにリゾチーム単独ではほとんど効果のない菌に対しても,他の静菌剤との併用によって大きな偉力を発揮するようになる[4].

また表 6.3[5] はリゾチーム,有機酸,メタリン酸ナトリウム,

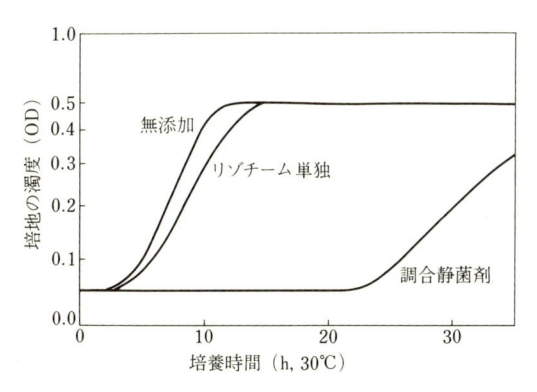

図 6.1　*E. coli* ATCC 10536 に対する調合静菌剤の効果

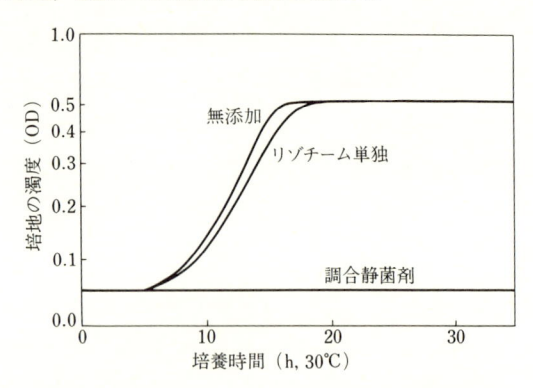

6. 卵の医薬,化粧品への利用および変わった使い方

図 6.2 *B. cereus* ATCC 11778 に対する調合静菌剤の効果

チアミンラウリル硫酸ナトリウムより成る調合静菌剤の米飯に対する効果を示したものである.この場合,調合静菌剤および各単品の静菌剤は米飯が約 70℃ に冷えてから添加されている.このように無添加では1日しかもたず,各単品でも2日しかもたないものが,調合静菌剤の添加により3日はもつようになる.またリゾチーム,揮発性カラシ油,有機酸塩などより成る調合静菌剤が,キムチの過剰発酵の防止に対して効果のあることも知られている[6].これら米飯の場合のバチルス属細菌,キムチの場合の乳酸菌といった例にみられるように,抑制の対象とする菌の種類に応じて静菌剤の組成を変える必要があろう.

このほか育児調整粉乳にリゾチームを添加した場合,腸内の細菌叢を正常にし,感染に対しての抵抗力を高めることができることも知られている.

表 6.3 米飯に対するリゾチーム配合静菌剤の効果[a),5)]

試 料	試験項目	保 存 日 数			
		0	1	2	3
対照（無添加）	生菌数/g 外　　観 風　　味	<10 正　常 正　常	5.8×10^5 正　常 正　常	2.5×10^7 ネト発生 不　良	— — —
10%酸度食酢を2%添加	生菌数/g 外　　観 風　　味	<10 正　常 正　常	2.1×10^4 正　常 正　常	3.2×10^7 正　常 不　良	4.6×10^7 カビ発生 不　良
メタリン酸ナトリウムを3mg%添加	生菌数/g 外　　観 風　　味	<10 正　常 正　常	2.3×10^4 正　常 正　常	9.6×10^5 正　常 正　常	8.8×10^7 ネト発生 不　良
チアミンラウリル硫酸塩を0.3mg添加	生菌数/g 外　　観 風　　味	<10 正　常 正　常	1.6×10^3 正　常 正　常	4.2×10^4 正　常 正　常	5.1×10^7 ネト発生 不　良
リゾチームを15mg%添加	生菌数/g 外　　観 風　　味	<10 正　常 正　常	<10 正　常 正　常	3.7×10^5 正　常 正　常	2.2×10^8 カビ発生 不　良
上記4種の静菌剤の混合使用	生菌数/g 外　　観 風　　味	<10 正　常 正　常	<10 正　常 正　常	8.4×10^3 正　常 正　常	7.2×10^5 正　常 正　常

a) 35℃に保存.

　最近，アルコールを主体とし，これに各種静菌剤を加配した殺菌・静菌用のアルコール製剤が市場に出ている．リゾチームもこの用途に使われるが，高濃度のアルコール中では析出するためアルコール濃度は約50%となっている．これは殺菌消毒用には，そのままの濃度でスプレーするか，浸漬をする形で使用し，また静菌用には食品に少量混和すればよい．

6. 卵の医薬,化粧品への利用および変わった使い方

表6.4[1]は9種の微生物に対するリゾチーム含有アルコール製剤の殺菌効果を示すが,バチルス属のような有芽胞菌以外では非常に効果が大きい.また表6.5[1]は,同じく明太バラコに対する殺菌,静菌作用を示すが,アルコール製剤を使用した方が細菌数

表6.4 2種のアルコール製剤の各種微生物に対する殺菌作用[a),1]

微 生 物 名	対照(無殺菌)	市販品 A	市販品 B
Sta. aureus	5.5×10^7	<50	4.5×10^4
E. coli	3.1×10^6	<50	<50
Pr. morganii	8.5×10^4	<50	<50
B. cereus	9.5×10^7	3.1×10^7	9.5×10^7
B. subtilis	1.7×10^7	3.5×10^5	5.5×10^6
L. brugalicus	1.8×10^8	<50	<50
Sacch. cerevisiae	2.9×10^4	<50	<50
Riz. oligosporus	1.1×10^6	<50	<50
Asp. niger	2.2×10^5	<50	<50

a) シャーレ上に菌液を流し乾燥させて,アルコール製剤をスプレーして,1分後に拭き取って測定したシャーレ全面の菌数.

表6.5 アルコール製剤の明太バラコに対する殺菌,静菌作用[1]

試 料	試 験 項 目	保 存 日 数 (7°C)			
		0	5	10	15
アルコール製剤使用	細 菌 数 / g	9.6×10^3	6.2×10^3	4.5×10^3	2.7×10^3
	大 腸 菌 群[a]	−	−	−	−
	黄 色 ブ 菌[b]	−	−	−	−
	腸炎ビブリオ[c]	−	−	−	−
対 照	細 菌 数 / g	4.2×10^4	2.1×10^4	1.1×10^4	8.4×10^3
	大 腸 菌 群	+	+	−	−
	黄 色 ブ 菌	+	−	−	−
	腸炎ビブリオ	+	−	−	−

a) 10/g以上を+,以下を−で示した.
b), c) 100/g以上を+,以下を−で示した.

が1桁低く，また大腸菌群，黄色ブドウ球菌，腸炎ビブリオなども処理直後に陰性になることが知られる．

　リゾチームの大きな用途は，塩化リゾチームとしての医薬方面への応用である．その作用には膿，喀痰の分散作用，出血抑制作用，組織修復作用，消炎作用，抗ウイルス作用などがある．これらの作用により塩化リゾチームは，例えば消炎酵素製剤，痔疾用薬，皮膚疾患用薬，歯槽膿漏治療薬，眼・鼻・咽喉疾患治療薬などとして，注射剤，錠剤，カプセル剤，顆粒，軟膏などの形で多くの製薬会社から市販されている．一般になじみの深いものとしては風邪薬，練り歯磨，目薬，トローチなどがある．

　写真6.1および6.2は，等電点リゾチームおよび塩化リゾチームの結晶の顕微鏡写真を示す．

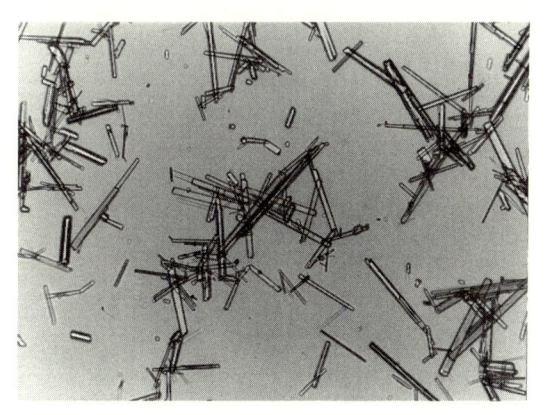

写真6.1　等電点リゾチームの顕微鏡写真

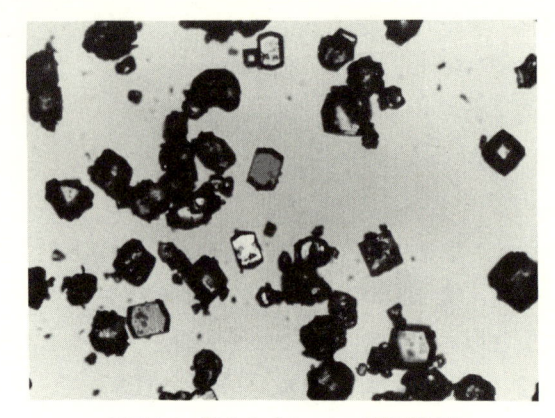

写真 6.2　塩化リゾチームの顕微鏡写真

6.3　卵黄レシチン

6.3.1　レシチンの分布と組成

　卵の医薬，化粧品分野での利用のもう一つの例として，卵黄レシチン(卵黄リン脂質)がある．レシチンは動物の脳，神経系，肝臓，心臓，卵黄や植物の種子あるいは微生物など，広く自然界に分布しているリン脂質の一種である．卵黄中には約 8.6% 含まれており，この数値は脳，神経系に次いで多いものである．卵黄の全リン脂質中におけるレシチン(ホスファチジルコリン)の割合は，鶏卵で 69%，アヒル卵で 75%，ウズラ卵で 52% となっている．

　レシチンは化学的にはホスファチジルコリンのことを指すが，一般的には他のリン脂質をも含めたリン脂質全体のことを指すこともあり，さらに場合によっては中性脂肪，色素なども含む卵黄

油そのものを指すこともある.

また一般的にレシチンというと大豆レシチン（大豆リン脂質）を指すことが多いが，卵黄リン脂質と大豆リン脂質では組成的にみるとかなり違っている．卵黄リン脂質ではホスファチジルコリン（一般的にレシチンと呼ばれる物質）が約70%を占め，ホスファチジルエタノールアミンが約25%，スフィンゴミエリン，リゾホスファチジルコリン（リゾレシチン）が約5%を占める．一方，大豆リン脂質ではホスファチジルコリンが約35%，ホスファチジルエタノールアミンが約30%，ホスファチジルイノシトールが約26%，その他が約9%という組成になっている．

レシチンは脂肪酸2，グリセリン1，リン酸1，コリン1の組成比から成っている．脂肪酸の組成はオレイン酸43%，パルミチン酸32%，クルパノドン酸13%，リノール酸8%，ステアリン酸4%であって，ラウリン酸以下の低級脂肪酸は含まれていない．不飽和と飽和の脂肪酸の比率は64対36である.

レシチンは分離直後はろう状の固形物であり，無色透明で特有の臭気を有している．しかし，一般に市販されている卵黄レシチンは必ずしも純粋なものばかりではなく，中性脂肪やレシチン以外のリン脂質あるいは色素などを含んでいるので，黄色味を帯びた油状を呈している．

6.3.2 レシチンの性質と製法

純粋なレシチンは酸素や光線に対して極めて不安定であり，容

易に褐変を起こしてゆく．レシチンはエーテル，クロロホルムなどの有機溶剤，あるいは一般動植物油脂に溶解する．しかしアセトンには溶けないため，この性質を利用してレシチンの分離，精製が行われる．

レシチンは浸透，分散などの界面活性作用，あるいは水と油脂類とを乳化する作用があり，また酸化防止剤としての作用も知られている．

卵黄からレシチンを採取するには，まず卵黄油を採る必要がある．卵黄油は生卵黄を直接釜で加熱濃縮して，分離して出てくる油をしぼりとるという方法があり，このようにして得られた卵黄油が健康食品の一つとして市販されている．一般には乾燥または半乾燥した卵黄をクロロホルム，エタノール，メタノール，エーテルなどの有機溶剤で抽出し，この抽出液から溶剤を減圧下で除去回収して得るのが普通である．この粗製の卵黄油は，リン脂質の含量が約 30% と低いものである．

卵黄油からレシチンを精製するには，レシチンがアセトンに不溶であることを利用して，卵黄油を少量の他の有機溶剤に溶かしたものに，多量のアセトンを加えてレシチンを沈澱させ，これを分取する．この操作を繰り返して，最終的に減圧下で溶剤を除去して高純度のレシチンを得る．

6.3.3 レシチンの用途

卵黄レシチンの大部分は医薬品，化粧品関係に使われている．

6.3 卵黄レシチン

一方,大豆油製造における副産物として得られる大豆レシチンは,卵黄レシチンに比べると安価であり,食品,皮革,繊維,ペイントおよび印刷インクなどに使われている.しかし静脈注射用油脂乳化液などの医薬関係の乳化剤となると,大豆レシチンでは安全性のうえで問題があり,卵黄レシチンが使われる.

卵黄レシチンあるいはその粗製物である卵黄油の用途は,痔疾治療薬としての坐薬もしくは軟膏,湿疹,あせも,ひび,あかぎれなどの皮膚治療薬,あるいは静脈注射用脂肪乳剤などがある.

静脈注射用脂肪乳剤は大豆油,グリセリン,卵黄レシチン,水などを乳化させた乳濁液であって,熱量の補給,必須脂肪酸の補給,タンパク節約作用,創傷治癒迅進などの作用があり,術前・術後の栄養補給や胃腸疾患,慢性疾患,食欲不振,治療上の食事制限などで非経口的に栄養補給を行う必要のあるときに用いられる.

近年,人工血液(フルオロカーボン・エマルジョン)が,わが国はじめアメリカ,ソ連あたりでも研究されつつあるが,その乳化剤として高純度の卵黄レシチンが使用されている.また,老人性ボケに対して卵黄レシチンが治療効果のあることが発表されている[7].

化粧品関係においては,乳液,口紅,クリームなどに用いると皮膚にべとつかず肌を滑らかにし,ポマード類に用いると毛に艶と柔軟性を与え,シェービングクリームにおいてはかみそり負けを防止し,トニック類ではふけ止めの作用があり,ヘアスプレ

一，コールドパーマなどに用いると髪に栄養を与え，髪の損傷を和らげる．またシャンプーでは髪に艶と潤いを与える．その他，卵黄油から作ったセッケンは皮膚への刺激を和らげ，前世紀のロシアでは Kazan という名で賞用されていたという．

卵黄油やレシチン以外に，卵白や全卵もシャンプーやパックに利用される．最近，某化粧品会社から卵白の非熱凝固性タンパクを取出して凍結乾燥したものを加えたシャンプーが，プロテアシャンプーという名で新しく発売されている．

レシチンはその他に食パンなどの老化防止，風味，色の改良など，マーガリンの乳化分散剤，保型剤，ハム・ソーセージの保水性改良，ケーキ類の乳化分散剤，栄養強化剤，あるいは皮革のなめしにおける柔軟性，触感の向上に用いられ，またペイント，印刷インクなどにおいて顔料の湿潤性向上に用いられる．しかし，食品用には安価な大豆レシチンが多く用いられ，皮革，インクなどでも現在は他の化学物質に置き換えられている．

6.4 タンパク質

卵白中にはアビジンという分子量 50 000〜70 000 の糖タンパク質が含まれ，その含量は卵白中 0.005% 程度である．このタンパク質はビオチン（ビタミン B 複合体の一種）と特異的に強く結合する力をもっており，ビオチンを他の生物が利用できなくするような作用をもっている．ビオチンを必要とするような微生物の繁

殖を阻害するので，卵白中のアビジンは卵の細菌による腐敗を防ぐのに一役買っている．

アビジンはリゾチームを作る場合と同様，イオン交換ゲルを用いて卵白から吸着させたのち精製する．値段は純度によっても違うが，1g当たり数万〜数十万円もする．しかし，現在その需要は研究用だけであり，現実に市場に出回っている数量は極めて小さい．

アビジンは免疫学，組織染色，微量のタンパク質の検出など，研究用試薬として使われているが，今後はモノクローナル抗体と一体となって臨床検査薬の分野での利用が期待されている．

その他，卵にはコンアルブミン，オボムコイド，オボムシン，オボインヒビターなどのタンパク質も含まれているが，これらの構造，抽出精製法，生理作用などにはまだ充分解明されていない部分もあり，今後の研究が期待される．

6.5 微生物学に関連した卵の利用

6.5.1 細菌試験における鶏卵の利用

細菌試験用の培地に卵成分（特に卵黄）が加えられる例はかなり多い．しかし，卵は肉エキスとかペプトンなどのように培地の基礎的な栄養成分として汎用されるものではない．最も多い使い方は，いわゆる卵黄反応（LV反応，レシトビテリン反応）といわれる反応を菌が起こすかどうかをみるため加えるもので，特に

これは，いくつかの著名な食中毒菌の検査に重要な反応である．

例えば病原ブドウ球菌 (*Staphylococcus aureus*)，セレウス菌 (*Bacillus cereus*)，ウェルシュ菌 (*Clostridium perfringens*)，ボツリヌス菌 (*C. botulinum*) などの毒素産生型の食中毒菌の検査にこの卵黄反応が利用される．これらの菌は卵黄の脂質-タンパク質複合体を分解する酵素，すなわちレシチナーゼまたはホスホリパーゼを産生し，卵黄を含む培地上に繁殖すると，菌の集落の周辺の培地を乳白色に混濁させる．

厚生省編「食品衛生検査指針Ⅰ」[8]によれば，病原ブドウ球菌の検査には卵黄加マンニット食塩寒天を，ウェルシュ菌の検査にはカナマイシン加CW卵黄寒天を使うことになっている．セレウス菌検査用の選択培地としては，KG寒天，PEMBA寒天，NGKG寒天などがあるが，これらの培地にはある種の抗生物質やpH指示薬とともに卵黄が2%程度加えられる．また市販の基礎培地に卵黄液を10%加えた卵黄寒天は，ボツリヌス菌の非選択性培地として使われる．以上，いくつかの重要な食中毒菌の鑑別のため卵黄を添加した培地を使用する例をあげたが，これらの各1例ずつを表にまとめたものが表6.6である．

このような卵黄液添加培地を作るときは，実験者が新鮮な殻付き卵の殻表面をアルコール消毒し，これを無菌的に割って卵黄を卵白から分離し，さらに卵黄に等量の滅菌水を加えて撹拌し均一な懸濁液にして，この液を約55℃に冷やした溶解済寒天培地に加えてよく撹拌してから平板にする．

6.5 微生物学に関連した卵の利用

表6.6 卵黄を使った食中毒菌の鑑別用培地の例

食中毒菌名	病原ブドウ球菌	ウェルシュ菌	セレウス菌	ボツリヌス菌
培地名	マンニット食塩寒天	CW寒天	NGKG寒天	GAM寒天
組成	肉エキス 2.5g ペプトン 10 マンニット 10 食塩 75 フェノールレッド 0.025 寒天 15 水 1 000ml	ハートエキス末 5g プロテオーゼ ペプトンW 10 カゼインペプトン 10 食塩 5 乳糖 10 フェノールレッド 0.05 寒天 20 水 1 000ml	ペプトン 1g 酵母エキス 0.5 食塩 4 グリシン 3 硫酸ポリミキシンB 0.01 フェノールレッド 0.025 寒天 18 水 1 000ml	ペプトン 10g 大豆ペプトン 3 プロテオーゼペプトン 10 消化血清末 13.5 酵母エキス 5 肝臓エキス末 1.2 リン酸水素二カリウム 2.5 食塩 3 可溶性デンプン 5 L-システイン塩酸塩 0.5 チオグリコール酸ナトリウム 0.3 寒天 15 水 1 000ml
卵黄添加量	50%卵黄液を1/10量	50%卵黄液を1/10量	20%卵黄液を1/10量	50%卵黄液を1/10量
製造会社	栄研など	ニッスイなど	ニッスイなど	ニッスイなど
当該菌の反応	径1～2mmの黄色ないし橙色の隆起した集落を作り周囲に白濁環を生ずる.	黄白色の光沢ある円形のややふくらんだ集落となり周囲に乳色反応帯を生ずる.	周縁不規則で白色のやや厚みのある集落を作りその下方から周囲にかけて培地が白濁し集落周辺の培地は赤くなる.	径2～3mmの偏平なR型集落を作り周囲に真珠様光沢の環が認められる.一部の菌ではその外に白濁環ができる.

6. 卵の医薬，化粧品への利用および変わった使い方

この操作はたまに大量に行う場合には，それほど煩雑なものではないが，少量ずつ頻繁に行う場合には大分煩わしい操作である．また，常に新鮮卵を常備しておくのも面倒なことである．鮮度の悪い卵を使うと，ときには卵内部を菌が汚染していて，せっかくの試験がだいなしになることもある．そのため Egg yolk emulsion（以前は Concentrated egg yolk emulsion）という卵黄を水で薄めた懸濁液が外国から輸入されている．しかし，これは100g瓶入り5 600円という法外な高値であるうえ，開封後は冷蔵してもそう長く保存できない．

著者ら[9]は新鮮卵を可及的無菌状態で割卵分離し，ビニール袋に入れて，異性化糖液中で低温で部分脱水し，食塩を7.5〜10%となるよう加えた細菌試験用卵黄液を作って使用している．これはチルド保存すれば半年や1年は保存できるうえ，使用時には必要量だけ取出して，滅菌水と1：1の比率でストマッカーで均一化して使用すればよい．加えた食塩や下げた pH は，最終的に卵黄が培地内に加えられた状態では，表6.6にあるような食中毒菌の発育に影響を及ぼさないし，また，菌の起こす卵黄反応にも変化を与えない．

写真6.3は病原ブドウ球菌（*S. aureus* ATCC 6538 P）の各種卵黄液添加マンニット食塩寒天上での発育状態を示し，また写真6.4は同様にセレウス菌（*B. cereus* ATCC 11778）の NGKG 寒天上での発育状態を示すが，著者らの使っている食塩添加無菌卵黄ペーストでも，生卵黄の場合と同様の卵黄反応を呈している．

6.5 微生物学に関連した卵の利用

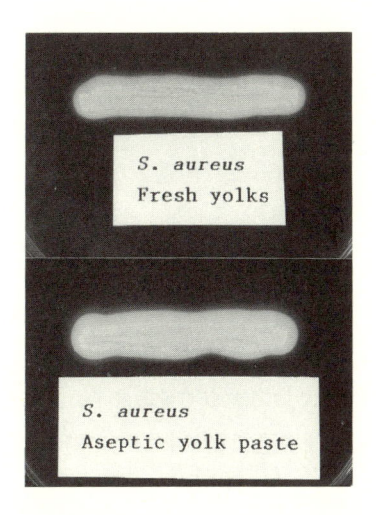

写真 6.3 新鮮鶏卵(上)および無菌卵黄ペースト(下)を使ったマンニット食塩寒天培地上における病原ブドウ球菌

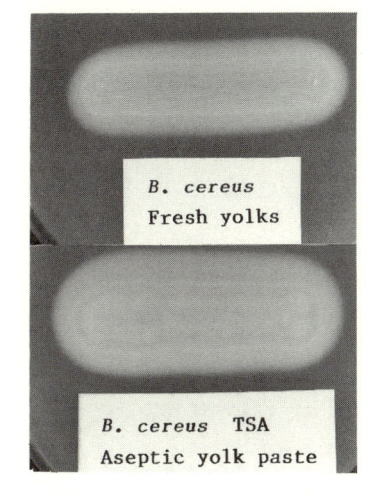

写真 6.4 新鮮鶏卵(上)および無菌卵黄ペースト(下)を使った NGKG 寒天培地上におけるセレウス菌

以上のほか，卵黄培地は *Erwinia* 属の *carotovora* グループの分類の目的で使用される[10]．野兎病菌（*Pasteurella tularensis*）の培養に用いられる凝固卵黄培地というのは，無菌的に取出した卵黄6容と滅菌生理食塩水4容を混ぜ，ガーゼで沪過したのち試験管に分注し，血清凝固器で75℃1時間ずつ3日間，間欠滅菌したものである[11]．

また，全卵を使った細菌試験用培地としてドルセットの卵培地というのがある[12]．これは液全卵800mlと0.9%食塩水200mlとを混合し，試験管に分注して斜面にして固めて滅菌する．菌株の保存用，結核菌の純培養用，菌の卵消化性の検査などに使われる．本培地では保存菌の変異が少なく，S-R変異も最小限であり，コリシン感受性，コリシン産生性，薬剤感受性の変化もない．その他全卵を使用する培地として，Lowenstein-Jensen培地とか，レシトビテリン寒天といったものもある[13]．

卵成分を主成分とした培地を滅菌する場合，注意する点がいくつかある．まず滅菌中に凝固するので，斜面にした状態で加熱しなければならない．また卵液中に気泡が含まれていると，滅菌後に泡だらけになり外観の悪い培地に仕上がってしまう．高圧滅菌も温度と圧力のバランスをうまく調節すればできるとあるが，産生する硫化水素のため緑青色を帯びやすい．結局，間欠滅菌になるが，75℃位で行う方が外観的にきれいなものができる．

卵液は細菌の凍結による死滅や障害に対して保護的に働くということは，いくつかの報告例にある．図6.3[14]は卵白，卵黄，全

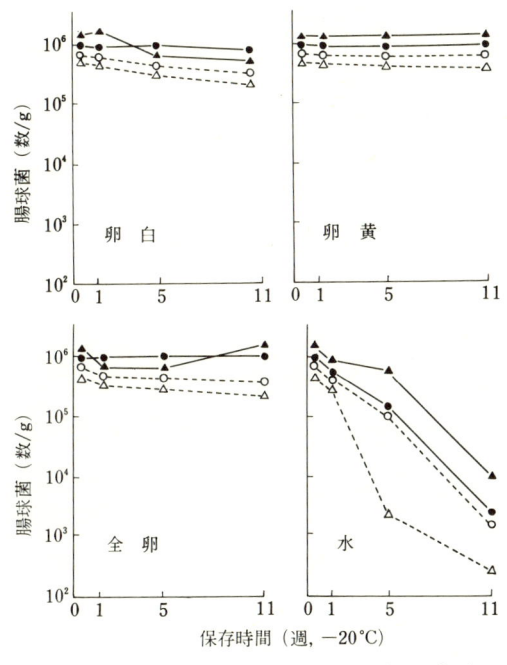

6.5 微生物学に関連した卵の利用

図 6.3 −20°C 保存卵成分および水中における
腸球菌の減少[14]

●—● S. faecalis　▲—▲ S. faecalis var. liquefaciens
○--○ S. faecium　△--△ S. durans

卵中に添加された4種の腸球菌が−20°Cに凍結された場合，水中に凍結された場合に比べて死滅しにくいことを示すものである．また，図6.4[14]は全卵中に添加された腸球菌が−20°Cに凍結保存された場合，凍結障害を受けにくいことを示すものであるが，水中に添加された腸球菌が死にやすいと同時に，AE培地，

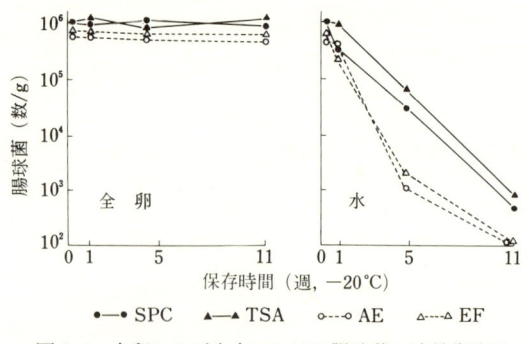

6. 卵の医薬,化粧品への利用および変わった使い方

図6.4 全卵および水中における腸球菌の凍結傷害[14]

EF 培地といった選択培地で測定された菌数が SPC (標準寒天), TSA (トリプチケースソイ寒天) で測ったよりも少なく出るのに対し,全卵中ではそのようなことがない.著者らは卵液のこのような性質を利用して,*Campylobacter* のような普通の状態では死にやすい細菌を,卵黄:グリセリン1:1の基質の中に添加して凍結保存しているが,半年程度の保存は充分可能である.

卵白から抽出精製するリゾチームは *Micrococcus* を溶菌するが,*Staphylococcus* を通常溶菌しないので,これらの球菌の鑑別に用いられる.またリゾチームは *Bacillus* 属の細菌のうちのあるもの,例えば *B. megaterium, B. macerans, B. stearothermophilus, B. coagulans* などを 0.001% 濃度で抑えるが,*B. cereus, B. anthracis, B. thuringiensis, B. alvei* などは抑制しないので,*Bacillus* 属の菌の分類,鑑定に利用される[15].

6.5.2 細菌試験以外の用途

原虫類の培養のための培地として Boeck ＆ Drbohlav の培地[16]があり，Löcke の液に約2割の全卵を加えたもので，試験管内に斜面の状態にして間欠滅菌したものである．さらに結晶卵白アルブミンを Löcke の液に1%溶かし，無菌沪過して前記斜面培地の斜面上1cmのところまで加えて使用する．

鶏卵液はウイルス，リケッチアの保存と継代にも使われる[17]．かつては，これら微生物は動物から動物へと継代保存されてきたが，手数と費用がかかるうえ，雑菌や他のウイルスに汚染される危険もあった．近年は50%グリセリン食塩水や鶏卵液中にウイルスを含む臓器片を入れ，4℃位の冷蔵庫に保存する方法がとられ，2カ月ないし半年位は保存できる．鶏卵液は殻付き卵から無菌的に取出して，卵内容物に1/10量の滅菌生理食塩水を加え，滅菌ガーゼで沪過後分注して，56～58℃，30～50分ずつ3回間欠滅菌したものを用いる．

また発育鶏卵は多くのウイルス，リケッチアを増殖させるだけでなく，自然感染が少ないとか抗体を作らないなどの利点があり，ウイルス，リケッチアの実験に欠くことのできないものである[18]．細菌の場合は培地で簡単に培養できるので発育鶏卵を用いることは普通はないが，感染機序の研究などに時として用いられることもある．

有精卵中の鶏胚はワクチン製造用に用いられる[19,20]．鶏胚が沪過性ウイルスの増殖に有用なことを見出したのは Goodpasture

博士であるが，実際にこの方法でワクチンが作られたのは 1937 年にウマの睡眠症が大流行したときであった．インフルエンザ，イヌのジステンパー，ニワトリの伝染性気管支炎，ニューカッスル病をはじめ動物感染症の 20 以上のウイルスやリケッチアが鶏胚中で増殖できる．

また，ウイルスやリケッチアの増殖を目的とした動物の組織培養を行う際の培地として，血清（培養する細胞と同種の動物の血清またはウマ，ウシ，ヒトの血清など），ニワトリの血漿，種々の塩類溶液などとともにニワトリの胎児の浸出液も使われる[21]．これは入手が簡単で，しかも各種細胞に対して広く有効であるので，一般によく用いられる．7～9日目の発育鶏卵から無菌的に胎児を取出し，細切りして凍結解凍を繰り返して細胞をこわし，遠沈して上澄液をとる．この胎児浸出液は CEE と略称で呼ばれ，薄めないものは CEE (1：0)，等量の塩類溶液で希釈したものは CEE (1：1) と呼ばれている．

6.6　卵のその他の変わった使い方

乾燥した卵白は食用以外に，捺染用糊料として染物工業に，接着剤としてコルク製造用に，あるいは皮革光沢剤，転画紙製造用などに用いられていた．また以前は，写真製版用，漁網用防染剤として用いられていたというが，詳細は明らかでない．

昭和 60 年のある新聞紙上に，卵白が特殊な写真の印画紙を作

るのに応用されるという記事があった．昔の写真の色はセピア色を呈していたが，現在は白黒写真である．このセピア色の写真を作るのに鶏卵紙という印画紙が使われるが，これは卵白に蒸留水で作った食塩水を混ぜて和紙に薄く塗って乾かしたものである．使用時に硝酸銀溶液に浸してから乾燥し，印画紙として使う．

また昭和63年の新聞紙上にも，幻の写真術再現という題で，幕末にオランダから伝わった写真乾板の作り方が，東京工芸大学の宮川教授により紹介されていた．ヨウ化カリウムを溶かした卵白をガラス板に塗り，撮影寸前に硝酸銀溶液に浸してカメラに装填するものである．感度は今のフィルムの100万の1という．昭和13年の農林省畜産局の「本邦に於ける鶏卵加工品の利用に関する調査」[22]によれば，当時すでに写真関係で卵白が使われることはなくなっていたという．

変わったところでは，消火器に入れる発泡剤として乾燥卵白パ

写真6.5　フィリピンのサンペドロ城塞

6. 卵の医薬，化粧品への利用および変わった使い方

ウダーが用いられたという例がある．また昔，鶏卵が建築の際の接着剤として使われた例として，フィリピンのセブ島のサンペドロ（San Pedro）城塞（写真 6.5）がある．これは 1738 年，同島を占領したスペイン人が近隣島民の侵攻を防ぐため建てたものであるが，島民から税金代りに徴収した鶏卵をセメントの代替に使用したといわれる．250 年以上を経た現在でもほとんど崩れることなく残っていて，同島の観光名所の一つになっている．

テンペラ画に卵を使用することは，ルネッサンス期におけるイタリアのシエナやフローレンスの巨匠達によって一般化されたが，これは卵黄色素を絵画の表面にコートし，絵具のひび割れや剥離を防止するためである．

卵殻の一般的な用途については，すでに述べたので省略するが，食品，飼料以外に次のような趣味的な用途がある．卵殻を

写真 6.6　卵殻のモザイク（蝶）

6.6 卵のその他の変わった使い方

写真 6.7 卵殻を使った工芸品

1/8 から 1/4 インチのサイズに砕き,顔料を塗ったものをモザイク模様を作るのに使う.写真 6.6 は卵殻で作ったモザイク模様の例を示す.また殻付き卵に小さな孔を開けて内容物を吸い出し,内部を洗浄乾燥した卵殻を利用した工芸品が近年脚光を浴びている.昭和 60 年 5 月に銀座のデパートにおいて,ファンシーエッグアート展という会員の作品展示会が催された.鶏卵,アヒル卵,ダチョウ卵などの卵殻を使った美麗精巧な作品が数多く陳列されていたが,金,銀,宝石などで飾ったり,中に時計を入れたりして,1 点数万円もするような作品もいくつか見受けられた.写真 6.7 はその卵殻工芸品の例を示す.

鶏卵のその他の用途としては,ラットやマウスの実験用飼料としての乾燥卵白,魚の餌としての乾燥卵黄などがある.また化学実験用試薬として,ホスビチン,コンアルブミン,オボムコイ

6. 卵の医薬,化粧品への利用および変わった使い方

写真6.8　香港における卵を使った見世物

ド,結晶卵白アルブミン,アビジンなどが卵黄や卵白から作られている.

最後に,殻付きの鶏卵の全く変わった使い途として,著者が以前香港の宋城で見かけた卵を使った見世物を紹介する.卵をトレーに入れたものを2段に重ね,1人の男がいかにも長年修業を積んだといった大袈裟な身振りで,その卵の上に立つというものであり(写真6.8),観客の拍手大喝采を浴びていた.以前,何かの本で卵殻の長軸方向の耐圧力はかなり強いということを読んでいたので,帰国後試しにやってみたところ,何も修業していない著者でも卵12個の上に容易に立つことができた.固い物の上に落とすと自重ですぐに割れる卵の上に大の大人が乗れるというの

は，普通の人には奇異にうつるのであろう．ちなみに鶏卵の強度（卵1個の殻を割るのに要する圧迫力）は，長軸方向で6〜7kg，短軸方向はそれより若干弱くて5〜6kgといったところである．底が平らで柔らかい靴やスリッパを履いて乗れば，大の男でも卵10個程度の上に容易に乗ることができる．

文　献

1) 今井忠平, 中丸悦子, ニューフードインダストリー, **30**, (1), 37 (1988).
2) 指原信広ほか, 食衛誌, **20**, 127 (1979).
3) 矢嶋瑞夫ほか, 醱工誌, **46**, 782 (1968).
4) 渡辺忠雄ほか, 特開　昭59-151875.
5) 今井忠平ほか, 特開　昭59-74958.
6) 今井忠平ほか, 特開　昭59-74951.
7) 中村重信, 加茂久樹, *Medicina*, **20**, 2131 (1983).
8) 厚生省編, "食品衛生検査指針 I", p.96, 日本食品衛生協会 (1973).
9) Imai, C. *et al.*, *Poultry Sci.*, **67**, 261 (1988).
10) 金子精一ほか, "微生物同定法", p.56, 衛生技術会 (1983).
11) 伝染病研究所学友会編, "細菌学実習提要", 全改訂版第2版, p.31, 丸善 (1966).
12) Cowan, S.T., "Manual for the Identification of Medical Bacteria", 2nd Ed., p.349, Cambridge Univ. Press (1973).
13) 坂崎利一, "新培地学講座・下", p.330, 近代出版 (1978).
14) 今井忠平, "鶏卵の知識", p.238, 食品化学新聞社 (1983).
15) 東　量三, ニューフードインダストリー, **4**, (10), 61 (1962).
16) 伝染病研究所学友会編, "細菌学実習提要", 第10版, p.482, 丸善 (1949).

6. 卵の医薬, 化粧品への利用および変わった使い方

17) 伝染病研究所学友会編, "細菌学実習提要" 全改訂版第2版, p. 393, 丸善 (1966).
18) 同上書, p. 400.
19) Romanoff, A.L., Romanoff, A.J., "The Avian Egg", p. 791, John Wiley & Sons, Inc. (1949).
20) Stadelman, W.J. (Stadelman, W. J. *et al*. ed.), "Egg Science and Technology", 2nd Ed., p. 279, Avi Publ. Co., Inc., Westport, CT (1973).
21) 伝染病研究所学友会編 "細菌学実習提要", 全改訂版第2版, p. 420, 丸善 (1966).
22) 農林省, "本邦に於ける鶏卵加工品の利用に関する調査", p. 10, 農林省畜産局 (1938).

7. 卵と微生物

7.1 はじめに

　卵は栄養的に非常に優れており,そのため微生物にとって絶好の培地となる.殻付き卵の状態では殻,クチクラ,卵黄膜などの物理的な保護物質,あるいは卵白の高い pH とかリゾチームなどのため,微生物は卵内部へ侵入しにくいし,侵入しても一部の菌は繁殖を抑制される.しかし産卵後,特に洗卵の際に侵入した一部の菌は卵内で繁殖し,腐敗卵の原因となる.また,いったん割られて取出された卵の中味は,微生物の繁殖が早く,鶏卵加工において細菌管理は最も留意すべき点となっている.

　食中毒と関係あるような特殊な菌については別に述べることとし,ここでは保存性と関係するような卵の微生物学および,卵製品の微生物学的な規格などについて述べる.

7.2 卵殻の微生物

　産卵直後には,卵内部はほとんど無菌的であって,まれに微生物が存在しても,その数は非常に少ないとされている.著者は過

7. 卵と微生物

去に,数千個の卵について,産卵当日ないしは1日後に内部の菌数を測ったが,いずれも検出限界以下であった.

一方,卵殻表面は,産卵時にまず排泄腔出口で汚染を受け,さらに産まれてから鶏糞などの外界環境から汚染を受ける.

卵殻上の細菌数はかなりバラツキが大きく,殻の外観的な汚れと細菌数の間には,必ずしも相関はない.卵殻上の細菌数は1個当たり数百個のものから数千万個のものまであるが,平均すれば産卵後3〜5日で10万ないし100万のオーダーであろう.

表7.1 殻付き卵表面の細菌学的調査[1]

生産者		細菌数/卵	大腸菌群/卵	大腸菌最確数/卵	腸球菌/卵
無洗卵	A	$9.0 \times 10^3 \sim 3.2 \times 10^5$	<20	<3.6	$<20 \sim 3.2 \times 10^2$
	B	$8.0 \times 10^5 \sim 7.0 \times 10^7$	$<20 \sim 1.3 \times 10^3$	$<3.6 \sim 4$	$2.8 \times 10^2 \sim 1.0 \times 10^4$
	C	$1.6 \times 10^6 \sim 2.4 \times 10^6$	$<20 \sim 1.3 \times 10^3$	$<3.6 \sim 92$	$4 \times 10 \sim 6.6 \times 10^3$
	D	$7.6 \times 10^4 \sim 1.4 \times 10^5$	$<20 \sim 1.8 \times 10^2$	$<3.6 \sim 9$	$<20 \sim 1.2 \times 10^2$
	E	$8.2 \times 10^4 \sim 2.8 \times 10^6$	$<20 \sim 2.6 \times 10^2$	$<3.6 \sim 98$	$2 \times 10 \sim 1.5 \times 10^3$
	F	$2.4 \times 10^5 \sim 2.4 \times 10^6$	$<20 \sim 6 \times 10$	$<3.6 \sim 15.6$	$<20 \sim 3.0 \times 10^2$
	平均	3.6×10^6	1.9×10^2	12	8.7×10^2
洗卵済み	G	$2.0 \times 10^3 \sim 1.0 \times 10^4$	<20	<3.6	<20
	H	$1.7 \times 10^3 \sim 1.6 \times 10^4$	$<20 \sim 8.2 \times 10^2$	<3.6	$<20 \sim 2 \times 10$
	I	$8.0 \times 10^2 \sim 1.6 \times 10^5$	<20	<3.6	<20
	J	$2.8 \times 10^4 \sim 9.0 \times 10^4$	<20	<3.6	$<20 \sim 1.4 \times 10^2$
	K	$2.8 \times 10^3 \sim 9.4 \times 10^4$	<20	<3.6	<20
	L	$5.2 \times 10^4 \sim 1.3 \times 10^5$	$<20 \sim 2 \times 10$	<3.6	$<20 \sim 1.4 \times 10^2$
	平均	3.9×10^4	2.8×10	<3.6	1.5×10

表7.1は著者ら[1]が調べた12産地(うち6産地は無洗卵,6産地は洗卵済み)の殻表面の細菌数,大腸菌群数,腸球菌数をまとめたものである.無洗物で平均360万,洗卵物で約4万の細菌が

7.2 卵殻の微生物

卵1個当たりの表面にいることが知られる．大腸菌群，大腸菌，および腸球菌は比較的少ない数であり，特に洗卵物では少ない．

卵殻表面にどんな種類の菌が分布しているかを図7.1[2]に掲げる．*Pseudomonas, Flavobacterium, Moraxella* などのグラム陰性

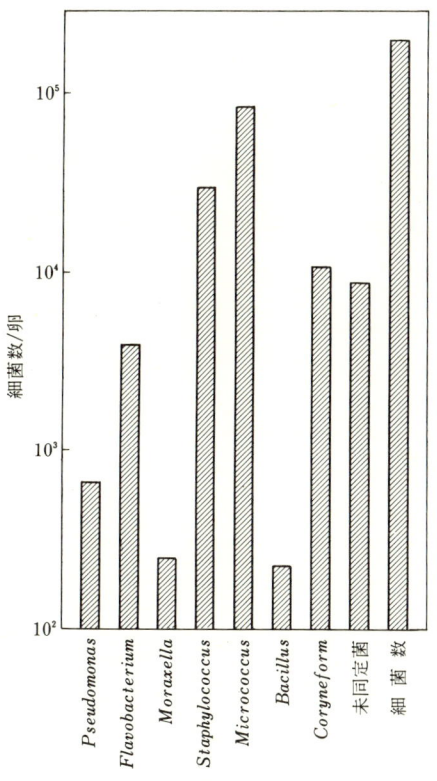

図 7.1 卵殻表面の菌の分布[2]

菌もいくらかはいるが，大部分は *Staphylococcus*, *Micrococcus*, *Coryneform* などのグラム陽性菌である．これは産まれた直後の卵殻上には，グラム陽性，陰性菌がほぼ半々に存在していたものが，グラム陰性菌が乾燥に弱いため，やや日数を経た卵の表面にはグラム陽性菌の残存率が高い．卵殻上の細菌数は，特に気温が高い場合に減りやすい．

7.3 卵内部の細菌

産卵直後の卵内部はほとんど無菌であるが，洗卵などで卵内部へ侵入したわずかな細菌は，日が経つにつれ徐々に繁殖してくる．卵白はかなりアルカリ性であり，またリゾチームなどの抗菌物質を含むため，すべての細菌が繁殖できるわけではない．一般

表7.2 夏1カ月，冬2カ月保存された卵の中味の細菌数[3]

細菌数/gの範囲	夏 (個数)			夏 (%)			冬 (個数)			冬 (%)		
$<1.0\times10^3$	361			72.2			469			93.8		
$1.0\times10^3\sim1.0\times10^4$	0	}		0.0	}		1	}		0.2	}	
$1.1\times10^4\sim1.0\times10^5$	20	} 39		4.0	} 7.8		4	} 6		0.8	} 1.2	
$1.1\times10^5\sim1.0\times10^6$	19	}		3.8	}		1	}		0.2	}	
$1.1\times10^6\sim1.0\times10^7$	10	}		2.0	}		3	}		0.6	}	
$1.1\times10^7\sim1.0\times10^8$	15			3.0			10			2.0		
$1.1\times10^8\sim1.0\times10^9$	29	} 100		5.8	} 20.0		10	} 25		2.0	} 5.0	
$1.1\times10^9\sim1.0\times10^{10}$	39			7.8			2			0.4		
$>1.0\times10^{10}$	7	}		1.4	}		0	}		0.0	}	
合　　計	500			100.0			500			100.0		

にグラム陽性菌は卵白中で繁殖できず,グラム陰性菌だけ繁殖し,卵殻上と全く逆になっている.

同一荷口の殻付き卵を数千個保存しても,個々の卵によって内部の細菌数は全く違う.表7.2[3]は500個ずつの卵を,夏1カ月および冬2カ月保存した場合の中味の細菌数の分布を示したものである.夏と冬では汚染の度合が大きく違っていたが,大半のものは無菌的でありながら,$10^3 \sim 10^6$/gのもの,$10^7 \sim 10^{10}$/gのもの,10^{10}/g以上のものというように,個々の卵によって大きくばらついていた.

これは産卵後菌が侵入した卵では,菌の種類や侵入した菌数に応じ,日数の経過とともに菌数が増えてくるのに対し,菌の侵入しなかった卵は何日たっても無菌に保たれるからである.この場合,検出された菌はほとんどがグラム陰性菌であったが,夏の方が腸内細菌(Enterobacteriaceae)が優勢であったのに対し,冬では *Pseudomonas*, *Aeromonas*, *Flavobacterium* などの低温細菌が主であるという違いがあった.

一般に低温細菌の方が腸内細菌よりも,卵に検知しうるような変化を与えやすい.すなわち,黒玉とか緑卵とかを起こしやすく,割卵後の検査の過程で除ける比率が高い.この低温細菌の存在により,卵は5℃程度に保存してもあまり長期間保存できない.特に室温でやや長く置かれた卵を,その後冷蔵庫に入れてもあまり意味がない.

低温細菌といっても0℃以下になると,その繁殖速度は著しく

表7.3 殻付き卵の氷結温度

保存温度 (℃)	正常卵	軽度ひび卵
0	0/15[a]	0/15[a]
−2	0/15	0/15
−3	0/15	4/15
−3.5	3/15	10/15
−5	8/15	15/15
−7	15/15	15/15
−10	15/15	15/15

a) 分母は供試検体数,分子は凍った卵の数.

遅くなる.割って取出した卵の中身の氷結点は−0.5℃近辺であるが,殻付き卵の状態では表7.3のように−3℃でも凍らないため,もし卵を長期間保存するなら,産卵当日の卵を無洗で−3℃付近に保つべきであろう.

7.4 洗卵と微生物

すでに第3章「鶏卵の鮮度」のところで述べてあるので詳細は省くが,殻付き卵を商業的に洗っている所では,40〜50℃の温湯シャワーを浴びせながらブラッシングすることにより,卵殻上の細菌を1/100〜1/10 000程度に落としている.しかし,洗卵時にある程度の細菌の侵入があるため,洗卵した卵はそう長くは貯蔵できない.

アメリカでは洗卵が義務づけられ,ヨーロッパでは禁止されている所があるというのは,殻上の細菌を重視するか,中への菌の侵入を重視するかの違いによるものであろう.

7.5 液卵中の微生物

7.5.1 液卵中での微生物の繁殖

割って殻から出した液卵では,細菌に対する防御物がないので,容易に菌が繁殖する.この場合も卵白は pH が高く,リゾチームを含んでいるので,卵黄や全卵に比べれば菌の繁殖速度はかなり遅い.

図 7.2[4] は大腸菌の卵黄,全卵,卵白中における増殖曲線を示すが,卵黄,全卵中ではほぼ同じ速度で増殖し,卵白中ではかなり遅いことがわかる.また図 7.3[5] は,2 種の腸球菌の純卵白お

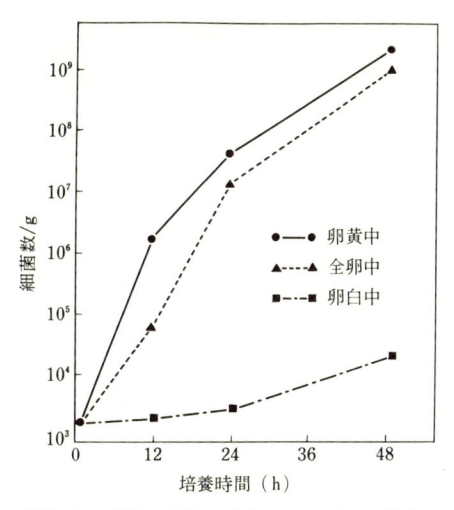

図 7.2 卵黄,全卵,卵白中における大腸菌の増加(25℃)[4]

7. 卵と微生物

よび 0.15％卵黄混入卵白中における増殖曲線を示すものである．腸球菌のようなものは純粋な卵白中では繁殖しないが，それにわ

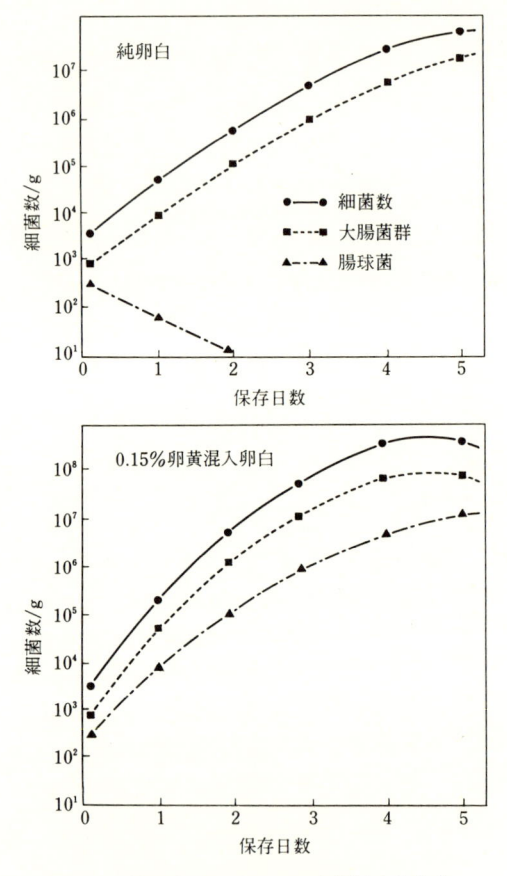

図 7.3　純卵白および 0.15％卵黄混入卵白中における細菌の繁殖（30℃）[5]

ずかでも卵黄が入るとリゾチーム活性が失われたり,栄養が豊富になったりするので,菌は容易に繁殖する.

一般に生,あるいは煮えない程度に加熱殺菌(Pasteurization)した液卵と,煮た液卵とでは,後者の方が細菌の繁殖が早い.特に卵白ではその差が大きい.図 7.4,7.5 は生および熱凝固させた卵白および全卵中におけるセレウス菌(*B. cereus*)と黄色ブドウ球菌(*S. aureus*)の消長を示しているが,その傾向がよく現われている.ここでは殺菌卵白と殺菌全卵は生とほぼ同じであったため,省略してある.

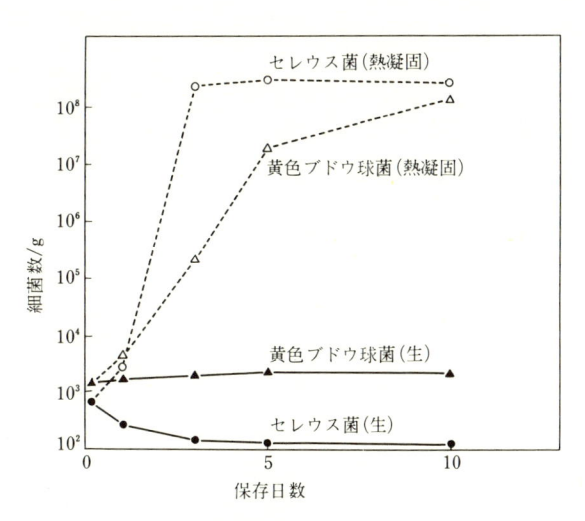

図 7.4 生および熱凝固卵白中におけるセレウス菌および黄色ブドウ球菌の消長

7. 卵と微生物

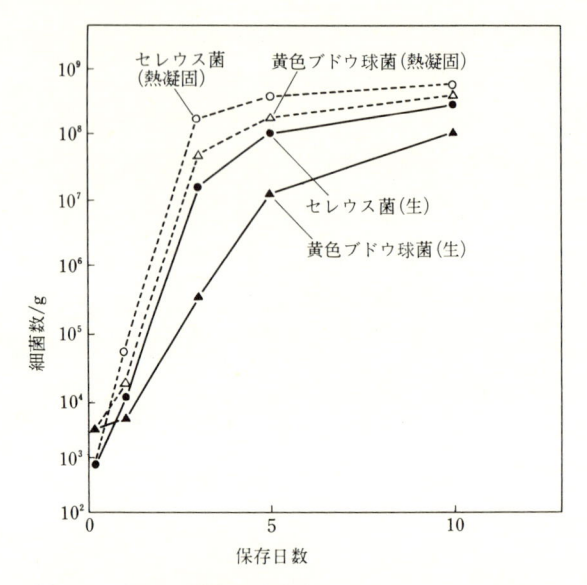

図7.5 生および熱凝固全卵中におけるセレウス菌および黄色ブドウ球菌の消長

7.5.2 液卵中の細菌の繁殖と温度

未殺菌の液卵には大腸菌群などの中温細菌,*Pseudomonas*属などの低温細菌など雑多な菌が存在しているが,保存温度によって細菌数の増加速度は大いに影響される.図7.6[6,7]は25, 10, 5, −3°Cに保存した液全卵中の細菌数の消長を示すものであるが,初菌数が非常に少ない場合でも,25°Cでは1〜2日で腐敗を起こし,10°Cでは6日,5°Cでは10日で腐敗している.

−3°C保存はいわゆるパーシャルフリージングのことであり,

7.5 液卵中の微生物

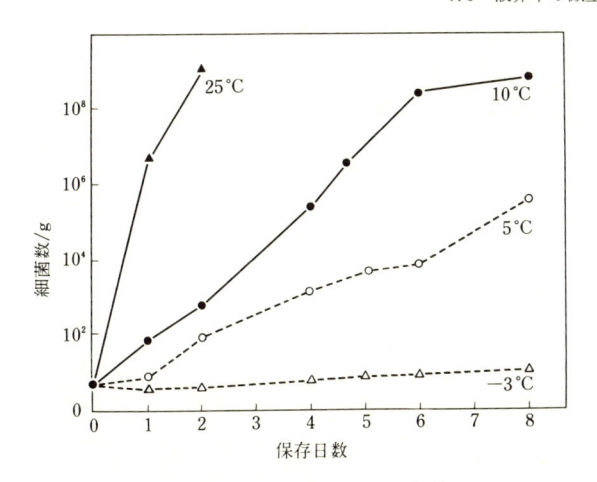

図 7.6 異なる温度に保存された液全卵中における細菌数の消長

かなり長期に保存できるが,それでも菌数はゆっくりと増える.この場合,軽い氷結を起こすことがあるが,特に冷凍変性を起こすほどではなく,解凍後は生の全卵同様に使える.

このように液卵中での細菌の繁殖はかなり早く,特に常温では著しいので,鶏卵の加工を行う場合,液卵は常に冷やしておく必要がある.実際の現場ではプレートクーラー,チリングタンクなどを使用して,冷却を迅速に行っている.

アメリカでは農務省の規定によって,液卵の貯蔵温度と貯蔵時間が規定されている.表 7.4[8] はその条件を示している.8 時間以内なら 7.2℃, 8 時間以上なら 4.4℃ というように決められている.また,卵白ではやや緩い条件になっているのは,先にあげ

7. 卵 と 微 生 物

表7.4 アメリカ農務省の規定による液卵製品の遵守すべき
保存温度と時間[8]

	未殺菌品を割卵後2時間以内に冷やすべき温度			
製　　品	8時間以下保存する液卵（加塩品以外）	8時間以上保存する液卵（加塩品以外）	加塩製品	殺菌後2時間以内の温度
卵白（無脱糖）	12.8℃以下	7.2℃以下		7.2℃以下
卵白（脱糖用）	21.1℃以下	12.8℃以下		12.8℃以下
他の製品（10%以上の加塩品を除く）	7.2℃以下	4.4℃以下		8時間以内は7.2℃以下　8時間以上は4.4℃以下
10%以上加塩の液卵			30時間以下の貯蔵には18.3℃　30時間以上の貯蔵には7.2℃	

たいくつかのデータからも納得のゆくことである．この表で割卵後2時間以内に温度を下げるとあるのは，液卵が常温に置かれても，2時間程度なら菌数の増加はわずかであるという事実に基づくと思われ，割卵作業場における機器の洗浄消毒の間隔も，2時間くらいが妥当と思われる．

7.5.3 液卵の菌叢

興味のある点は，同じ腐敗を起こした液卵でも，常温で短時間に腐敗したものと，低温に長期間置かれて腐ったものとでは，繁殖している菌の種類が違っていることである．図7.7[7]は25，10，

7.5 液卵中の微生物

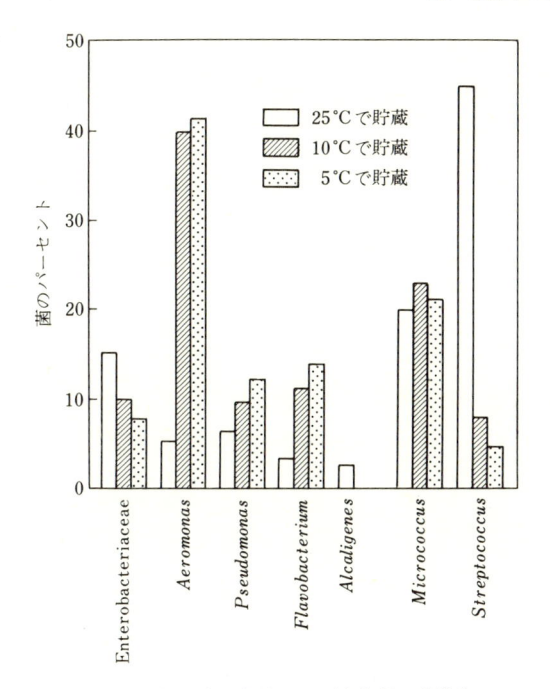

図7.7 各温度で腐敗させた液全卵の菌叢[7]

5°Cで腐敗した未殺菌液全卵の菌叢(菌の種類ごとの分布状態)を示したものであるが、25°Cでは Streptococcus, Micrococcus, Enterobacteriaceae などの中温細菌が優勢であり、一方、10°Cや5°Cでは Aeromonas, Pseudomonas, Flavobacterium などの低温性の菌が優勢であることが知られる.

このように優勢に繁殖してくる菌の種類が違うということは、当然、その腐敗のパターンも違ってくることを意味する. 25°C

7. 卵 と 微 生 物

での腐敗では，pH が下がって時には酸凝固を起こし，においも強烈な硫化水素臭（いわゆる卵の腐ったにおい）を伴ってくる．一方，低温で腐った場合は，一般に pH の低下も小さく，生臭いにおいとか枯草臭といった比較的温和なにおいしか伴わない．したがって腐敗のパターンをみたり，菌叢を調べたりすることによって，その腐敗がどのような条件下で行われたか推定することも可能である．

同様に割卵後の液卵の菌の種類によって，その汚染の来源を推定できる．殻付き卵の中味に大量の菌が繁殖しているような古い卵を使った場合には，その液卵の菌は Enterobacteriaceae, *Aeromonas, Flavobacterium* などのグラム陰性菌が主となり，この場合，液卵の菌数は 10^4, $10^5/g$, 時には 10^6, $10^7/g$ といった多い数に達することがある．

一方，原料卵が新しく，割卵時の取扱いが悪くて殻などから菌が汚染した場合には，*Bacillus, Micrococcus, Staphylococcus, Streptococcus* などのグラム陽性菌が主体となり，菌数は通常 $10^3/g$ 以下の軽微な汚染にすぎない[9]．慣れた品質管理者であれば，細菌数を測った平板を見るだけで，汚染の来源が原料卵の中味か殻なのかをおおよそ判別できる．

7.6 冷凍卵と細菌

7.6.1 冷凍卵における細菌の繁殖

冷凍保管では，液卵の細菌数の変化はほとんどないとみてよい．ある種の細菌は氷結によって死滅したり，減少したりすることが知られているが，卵成分は細菌の氷結による死滅や損傷を保護する働きを持っているようである．このことは第6章の図6.3にも示されている．

表7.5　未殺菌卵製品の長期冷凍保管と菌数（$-20°C$）[10]

保存期間	プレーン卵白		プレーン全卵		10%加塩卵黄	
（月）	細菌数/g	大腸菌群/g	細菌数/g	大腸菌群/g	細菌数/g	大腸菌群/g
0	$1.8×10^4$	$2.1×12^2$	$4.9×10^4$	$9.8×10^2$	$5.6×10^4$	$4.3×10^2$
1	$2.1×10^4$	$2.6×10^2$	$5.0×10^4$	$8.8×10^2$	$3.8×10^4$	$4.6×10^2$
2	$1.7×10^4$	$1.8×10^2$	$4.8×10^4$	$6.9×10^2$	$3.9×10^4$	$4.8×10^2$
4	$9.6×10^3$	$1.2×10^2$	$3.3×10^4$	$7.1×10^2$	$3.5×10^4$	$4.5×10^2$
6	$8.8×10^3$	80	$2.7×10^4$	$5.8×10^2$	$3.4×10^4$	$4.6×10^2$
8	$6.5×10^3$	$1.1×10^2$	$2.4×10^4$	$4.5×10^2$	$3.7×10^4$	$3.7×10^2$
10	$6.8×10^3$	90	$2.6×10^4$	$4.6×10^2$	$4.1×10^4$	$3.5×10^2$
12	$4.6×10^3$	80	$2.0×10^4$	$3.1×10^2$	$3.6×10^4$	$2.9×10^2$

表7.5[10]は未殺菌の卵白，全卵，加塩卵黄を$-20°C$に1年間保存した場合の細菌数と大腸菌群数の消長を示すものである．細菌数，大腸菌群とも極めてわずか減っただけで，ほとんど変化しなかった．このことを利用して，著者らは死滅しやすい菌を長期保存するのに，加塩卵黄とグリセリンを混ぜたものの中に，保存菌を入れて$-70°C$に保存している．

7. 卵 と 微 生 物

7.6.2 冷凍卵の解凍

冷凍卵は，使用に当たってまず解凍しなければならない．解凍には流水解凍，温水解凍，室温解凍，温風解凍，あるいは機械的な破砕による解凍などいろいろな方法があるが，液卵の温度が上がりすぎて，微生物の繁殖を許すようなことがあってはならない．

アメリカ農務省の規定では，冷凍卵の解凍は，48時間以内に行うようにし，全体の温度は 4.5℃ 以上にならないように行うとともに，冷凍卵の温度はどの部分も 10℃ 以上にならないようにすることが決められている．また，解凍後の液卵の温度は 4.5℃ 以下に保つよう決められている．同様なことは，FAO/WHO の卵製品の衛生的取扱いに関する勧告の中にもみられる．

この解凍操作を迅速かつ衛生的に行うのに，オランダの Coen-

写真 7.1　冷凍卵の自動解凍装置
（オランダ Coenraadts 社）

raadts社の自動解凍装置(写真7.1)がある.これは冷凍卵を,初め刺のあるローラーで荒砕きし,それを円筒型熱交換器で品温3℃くらいまで解凍するものである.能力は1～2トン/時であり,価格も比較的安い.その他の解凍方法では,通常使用の前日または前々日から解凍室(槽)に並べておく必要があり,大きなスペースを必要するとともに,時には解凍オーバーとなって腐敗することもある.

解凍した液卵をある温度に置いた場合の菌数の増加は,同じ初菌数をもつ新鮮(未冷凍)液卵のそれに比べて,はるかに速いのが普通である.図7.8[11]は初菌数の似た解凍全卵と新鮮全卵の25℃および5℃における細菌数の増加を示すものである.この

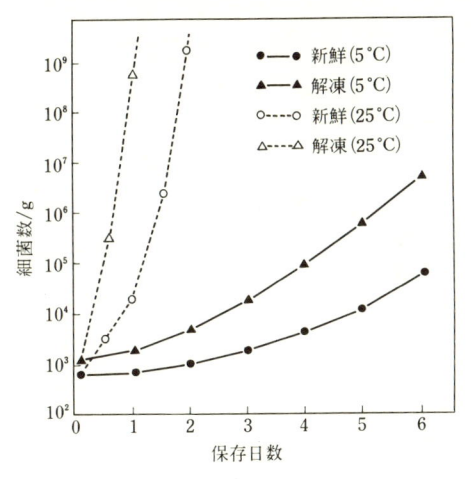

図7.8 新鮮および解凍全卵の菌数増加比較[11]

ように同一条件下では，解凍全卵の方が細菌の繁殖速度が速いので，解凍中および解凍後の液卵の取扱いには充分注意しなければならない．

一方，練り製品などに冷凍卵を使うときは，半解凍の状態でそのまま魚肉，畜肉の擂潰(らいかい)中に放り込んで，品温の上昇を抑えるという氷の代用的な使い方もある．

7.6.3 加塩，加糖と冷凍卵

加塩や加糖した冷凍卵は氷結点が下がっているため，比較的低い温度でも解凍状態になること，および加えた食塩や砂糖のため液卵の水分活性が下がっているので，解凍時における微生物学的な配慮は少なくてすむ．

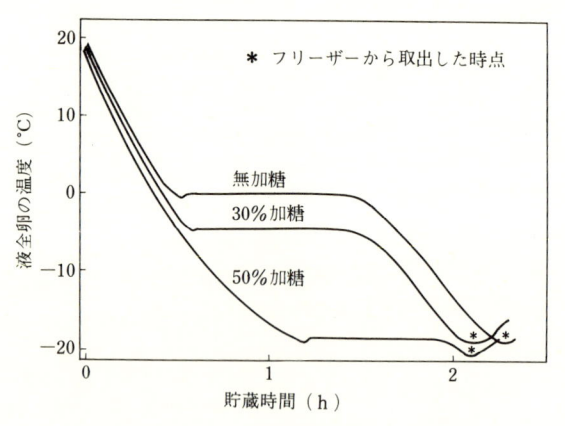

図 7.9 －75℃における加糖全卵の冷却曲線[12]

7.6 冷凍卵と細菌

図 7.9[12] は普通の全卵，30%加糖全卵，50%加糖全卵の冷却曲線を示すが，50%加糖物は氷結点が$-20°C$くらい，30%物では$-5°C$となっている．表 7.6[12] は 20～60%加糖した全卵の水分活性および水分を示すが，50%の加糖により水分活性は 0.9 前後に落ち，カビ，酵母，ブドウ球菌などの特殊な微生物を除いては繁殖できない．

表 7.7[12] は 20～60%加糖の殺菌済全卵の室温における微生物の消長を示すものであるが，

表 7.6 種々の加糖全卵の水分活性と水分[12]

全卵の加糖率 (%)	水分活性 (A_w)	水 分 (%)
無添加	0.967	73.5
20	0.951	58.8
30	0.942	51.6
40	0.925	44.3
50	0.910	36.9
60	0.892	29.5

表 7.7 種々の加糖全卵[a]の室温[b]における細菌数の消長[12]

砂糖 (%)	細　菌	細 菌 数/g 保 存 日 数					
		0	1	2	7	14	21
20	細 菌 数	$2.0×10^2$	$7.5×10^7$	—	—	—	—
	大腸菌群	<10	<10	—	—	—	—
30	細 菌 数	$2.0×10^2$	$5.3×10^4$	$5.6×10^7$	—	—	—
	大腸菌群	<10	<10	<10	—	—	—
40	細 菌 数	$6.0×10^2$	$4.0×10^2$	—	$3.0×10^3$*	$1.0×10^2$*	$1.0×10^2$*
	大腸菌群	<10	<10	—	<10	<10	<10
50	細 菌 数	$3.0×10^2$	$1.0×10^2$	—	$2.0×10^2$	$3.0×10^2$*	$1.0×10^2$*
	大腸菌群	<10	<10	—	<10	<10	<10
60	細 菌 数	$5.0×10^2$	$4.0×10^2$	—	$4.0×10^2$	$3.0×10^2$	$2.0×10^2$*
	大腸菌群	<10	<10	—	<10	<10	<10

a) 60°C 5分殺菌済み，b) 8月の室温．
* カビの集落発生．

20%，30%の加糖では急速に細菌数が増えるのに対し，40%以上の加糖では細菌は全く増えず，酵母だけが加糖の率に応じて増えている．卵黄では12%の加塩または50%の加糖により，水分活性は0.85前後に落ち，微生物の繁殖はかなり抑えられる．

7.7 卵製品の細菌学的規格

7.7.1 卵製品の国際規格

殻付き卵については，細菌学的な規格はない．ただし，その取扱い基準的なものはアメリカでもヨーロッパでも決められている[13,14]．これは，先に述べたように，同一ロットの卵でも，あるものは無菌，あるものは10^5〜10^6/gもの菌がいるという場合があり，わずかな数の試料を測定しただけでは，そのロットの実態をつかみにくいというのがその理由であろう．

卵加工品の細菌学的規格には，以前から国際規格[15]やEC規格[16]がある．国際規格では細菌数5×10^4/g以下（ただし5検体中2検体までは10^6/gまで可），大腸菌群10/g以下（ただし5検体中2検体までは10^3/gまで可），サルモネラ10検体とも陰性（試料各25gずつ）となっている．

このように国際的には1ロットの製品の適否を一発勝負で決めるのではなく，数検体（n個）のサンプルを調べ，規格（m）を超えるものがわずかな数（c個）あった場合でも，それが許容値（M）を超えていなければ合格とするという考え方をとっている．

ただし，項目によっては全く許容のないもの (c=0) もある．

7.7.2 卵製品の EC 規格

卵製品に対する EC 規格は，これまで国際規格と同じであったが，現在改訂の動きがある[17]．それによると細菌数は $10^4/g$ 以下 (5 のうち 2 は $10^5/g$ まで可)，大腸菌群の代りに腸内細菌 (Enterobacteriaceae) が 10/g 以下 (5 のうち 2 は $10^2/g$ まで可)，サルモネラが 10 検体とも陰性 (各 25g 培養で) となっている．

EC の卵製品に対する新規格案には，細菌数以外に分析値的なものも含まれている．3-ヒドロキシ酪酸 (3-OH 酪酸) が 10 mg/kg (乾物中) 以下，乳酸が 1 000 mg/kg (乾物中) 以下，コハク酸 25 mg/kg (乾物中) 以下といったものである．

初めの 3-ヒドロキシ酪酸の基準は，孵化中死卵の卵製品への混入を防止するためのものである．孵化中死卵に 3-ヒドロキシ酪酸が多くなっていることは，Jones ら[18]や Stijve ら[19]によって詳しく報告されている．

また乳酸，コハク酸は，細菌数の多かった液卵を殺菌によって菌数を下げても，過去に菌の多かったことが，これらの存在によって判断できるからである．菌数の多い液卵では乳酸，コハク酸が増えることは，Stijve ら[19]，Muldler ら[20]および Bergner[21]によって報告されている．

表 7.8[21]に各種卵中の前記有機酸含量の例を示す．これらの測定には，ドイツの Boehringer 社から発売されている簡便なキッ

7. 卵と微生物

表7.8 卵および卵製品中の有機酸含量（乾物中 mg/kg）[21]

	新 鮮 卵 $n=4$	腐敗初期卵 $n=3$	孵化中の 有 精 卵 $n=3$	全 卵 粉 $n=4$	卵 黄 粉 $n=2$
乳　　酸	88〜228 (164)[a]	632〜6 000 (2 130)	3 560〜5 000 (4 360)	334〜990 (516)	180〜226 (203)
3-OH 酪酸	<1〜3.2 (2.0)	<1〜3.4 (2.8)	32〜168 (92)	1〜4.5 (2.9)	<0.5
コハク酸	<2〜24 (8.4)	48〜180 (90)	12〜48 (25)	25〜65 (43.5)	31〜41 (36)

a) （　）内は平均値.

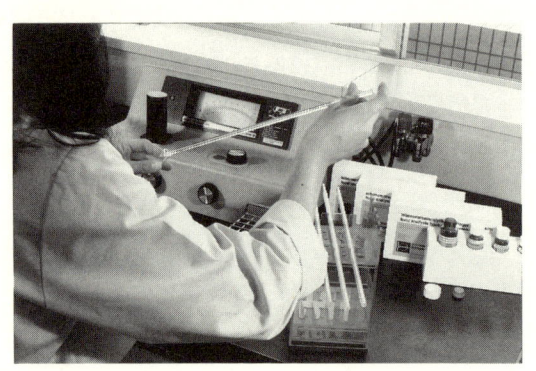

写真7.2　液卵中の乳酸，コハク酸などの測定キット
（ドイツ Boehringer 社）

ト（写真7.2）があり，簡単な反応操作の後，分光光度計で測定できる．

　このEC新規格については，反対している国もあるように聞いており，原案どおり決まったかどうかは明らかでない．しかし商業的には，この案の規格値が取引の際に適用されるようになってきているとのことである．

7.7.3 わが国における規格

わが国では,これまで液卵や乾燥卵に対する規格はなく,輸出入や国内取引においては国際規格を参考にしたような規格が適宜用いられていた.最終加工食品では,冷凍食品あるいは総菜に入るものは,それらの規格に従って管理されていた.

平成5年厚生省では液卵製造工場に対する衛生上の指導要領を各自治体宛通知した.その中には殺菌済液卵および無殺菌液卵の微生物規格の目標値も含まれていた.この目標値は法制化までには至らず,平成10年11月25日付でさらに新しい規格値が示された.それは殺菌済液卵はサルモネラが試料25g中陰性のこと,無殺菌液卵は細菌数が試料1g中10^6以下というものである.この新しい規格値は業界の実態をよく踏まえたものである.

7.8 卵製品の細菌試験法

7.8.1 試料の採取および調製法

検体採取量は約100gとする.液卵などのように均一化されている製品はそのまま採り,卵焼きなどのように固形であって,場所によってバラツキがあると思われる場合には数カ所から採る.試料採取はすべて無菌的に行い,輸送は原則として低温で行う.卵製品中では冷凍しても細菌数はあまり変化しないので[1,14],長距離輸送の場合には冷凍した方がよい.解凍は50℃くらいの湯中で行えば,100g程度の検体なら10〜15分で解凍できる.50℃

以上では細菌数に変化が起こるので避ける必要がある．

　細菌数，大腸菌群，黄色ブドウ球菌測定用には，各検体 25 g をストマッカー袋に採り，0.1％ペプトン加生理食塩水 225 ml を加えて，ストマッカーにかけたものを試料原液（10 倍希釈）とする．以下必要に応じて，原液をさらに薄めて，100 倍希釈液，1 000 倍希釈液などを作る．

7.8.2 細　菌　数

　予想される試料の細菌数に応じ，試料の 10 倍希釈液，100 倍希釈液，1 000 倍希釈液などを各 1 ml ずつ滅菌ペトリ皿 2 枚ずつに採り，標準寒天培地を加えて混釈し，35 ± 1℃，48 ± 3 時間培養後カウントする．この 2 枚の平均を細菌数とする．

7.8.3 大　腸　菌　群

　10/g 以下であることを検査するには，試料の 10 倍希釈液 1 ml ずつを 5 本の BGLB 発酵管に接種し，35 ± 1℃ で 48 ± 3 時間培養する．10^3/g 以下を検査するためには，試料の 1 000 倍希釈液 1 ml ずつを接種する．

　培養後ガスが産生されていれば，EMB 寒天培地に画線し，35℃ 24 時間培養後現われたコロニーにつき，乳糖ブイヨンでのガス産生の有無と，グラム陰性桿菌であることの確認を行う．5 本の発酵管中 3 本まで陽性であるものは 10/g 以下（または 10^3/g 以下）と判定し，4 本以上陽性の場合に大腸菌群陽性と判定す

る．

　大腸菌群数が多い場合の菌数測定には，デソキシコレート寒天培地による混釈法の方が便利である．

7.8.4 サルモネラ

　試料そのもの 25 g を 64 ppm 硫酸第一鉄加緩衝ペプトン水 225 ml に加えてストマッカーにかけ，35℃で 18±2 時間培養する．この 1 ml を TT（テトラチオネート）培地 15 ml 中に移植し，42℃で 22±2 時間培養する．その 1 白金耳を XLD 寒天培地または DHL 寒天培地に画線し，35℃で 24±2 時間培養する（XLD の方が疑似菌をつかみにくい）．黒色の集落を釣って TSI 寒天(半高層斜面)に画線，穿刺し，また LIM，SIM 半流動寒天に穿刺して 35℃24 時間培養する．これらの性質がサルモネラに一致したらサルモネラ O 多価(あるいは O 1 多価)血清で凝集反応を試みる．明らかな凝集が見られればサルモネラと判定する．

　なお平成 10 年 11 月付の法改正の通知にはサルモネラの新しい検査法も記載されているが，従来法よりかなり繁雑であり，変更の可能性もあることからここでは省略する．

7.8.5 黄色ブドウ球菌

　試料の 10 倍希釈液 0.1 ml ずつを 3%卵黄加マンニット食塩寒天培地 2 枚に，コンラージ棒を用いてよく塗沫し，35±1℃，48±3 時間培養する．黄色（橙色）の集落で周りに白濁環を有す

るものの数を数え，2枚を平均する．なお出現した集落は，普通寒天培地に純粋分離後，その1白金耳をウサギプラズマ（栄研化学，1瓶の粉末を7mlの生理食塩水に溶解）0.5mlに懸濁させ，35℃に24時間まで置いて，凝固（コアグラーゼ陽性）することを確認する．

7.9 ま　と　め

卵は栄養分に富むため，微生物にとって絶好の培地となる．また産卵時に排泄腔を通過するため，殻表面は雑多な菌で汚染される．殻付き卵ではいくつかの防御機構のため，卵内部での細菌の繁殖はある程度抑えられるが，古くなれば，細菌数が増え腐敗に至るものも出てくる．

いったん割られた卵の中味は細菌の繁殖が早いので，鶏卵の加工には細菌学的な管理が重要なポイントとなる．液卵は常に低温に保たねばならないが，低温細菌のため低温でもそう長くは保存できない．

液卵の殺菌は，サルモネラや黄色ブドウ球菌を殺すとともに，大腸菌群を陰性にし，細菌数も低減させるうえで，鶏卵加工における重要な手段である．また液卵への加塩や加糖も，その冷凍変性を抑えて機能特性の劣化を防ぐとともに，細菌の繁殖を抑制することから，液卵の保存のための一つの有効な手段となっている．

しかし，鶏卵加工において第一に心掛けることは，中味に菌のいない新鮮な卵を使用するということである．

文　献

1) 指原信広ほか，食衛誌，**20**, 126 (1979).
2) 今井忠平，"鶏卵の知識", p. 199, 食品化学新聞社 (1983).
3) Imai, C., Saito, J., *Poultry Sci*, **62**, 331 (1983).
4) 今井忠平，"鶏卵の知識", p. 213, 食品化学新聞社 (1983).
5) Imai, C., *Poultry Sci*., **57**, 134 (1978).
6) Imai, C. *et al*., *ibid*., **65**, 1679 (1986).
7) 鈴木　昭ほか，食衛誌，**20**, 442 (1979).
8) Cotterill, O.J. (Stadelman, W.J. *et al*. ed.), "Egg Science and Technology", 2nd Ed., p. 139, Avi Publ. Co., Inc., Westport, CT (1973).
9) 鈴木　昭ほか，食衛誌，**22**, 223 (1981).
10) 今井忠平，"鶏卵の知識", p. 239, 食品化学新聞社 (1983).
11) 同上書，p. 261.
12) 今井忠平，"液全卵の保蔵における微生物学的研究"，日本大学学位論文 (1987).
13) U.S.D.A., "Regulation Covering the Grading and Inspection of Egg Products", U.S.D.A. (1964).
14) FAO/WHO, "Food Standard Programme, Codex Alimentarius Commission", Report of the 8th Session, Washington, D.C. (1971).
15) FAO/WHO, "Microbiological Specification of Foods", FAO/WHO, Geneva (1975).
16) ECE, "ECE Recommendation for certain hens egg products for use in the food industry", ECE (1986).
17) EC, "Official J. of the European Communities", C 67, Vol. 30,

7. 卵と微生物

    14 Mar. (1987).
18) Jones, J. M., Ellingworth, C. E., *J. Food Technol.*, **14**, 199 (1979).
19) Stijve, T., Diserens, M., *Deutsche Lebensm.-Runds.*, **83**, 44 (1987).
20) Mulder, R.W.A.W. *et al.*, *VMT*, **19**, 20 (1987).
21) Bergner, K. G., *Deutsche Lebensm.-Runds.*, **82**, 23 (1986).

8. 卵と食中毒菌

8.1 は じ め に

 昭和61年度,わが国では約900件,患者数にして約36 000人の食中毒事件があり,そのうち約75%が細菌性のものと報告されている[1].卵およびその加工品による食中毒もかなりあり,過去10年では年平均16件,患者数約600人であり,これは魚介類加工品と同程度,肉類およびその加工品の約半分である.原因菌としてはブドウ球菌が多く,次いで腸炎ビブリオ,サルモネラとなっている.腸炎ビブリオは来源的に卵と縁が深いとは考えられず,また調理の過程の熱で死ぬことから,おそらく二次汚染によるものと思われる.

 サルモネラは以前は卵との関連が深いといわれており,そのため特に西欧人は,卵を生で食べない人が多い.ここでは卵とサルモネラ,卵とブドウ球菌との関係および,その他二三の食中毒菌と卵との関わりなどについて述べる.

8. 卵と食中毒菌

8.2 卵とサルモネラ

8.2.1 サルモネラとは

サルモネラは腸内細菌科（Family Enterobacteriaceae）に属するグラム陰性桿菌であり，その血清型により多くの種類に分かれており，現在では2 000種以上のものが知られている．以前は，わが国で検出されるサルモネラの型はある程度限られていたが，家畜，飼料，食品などの輸入が盛んになるにつれ，新しい型のものが見出されるようになっている．

サルモネラはいわゆる感染型の食中毒菌として知られている．その汚染源としては，ネズミ，野犬，ヘビ，ペット類など各種の動物があげられているが，ニワトリもしばしばサルモネラを保有するものとしてあげられている．ニワトリの病気の一つであるヒナ白痢症は，サルモネラによるものである．ヒトの発症には比較的多量の菌が必要で，成人では10^6～10^7個以上の量が必要である．

通常，摂取後8～48時間の潜伏期間を経て，悪心および嘔吐が始まり，さらに数時間を経て腹痛および下痢が起こる．中程度の発熱がみられる場合があり，1～2日で平熱に戻る．

8.2.2 殻付き卵および液卵とサルモネラ

インドのPanda[2]は市販卵の殻表面のサルモネラを調べ，その陽性率は0.2％以下であったとしている．ドイツのHarmsら[3]

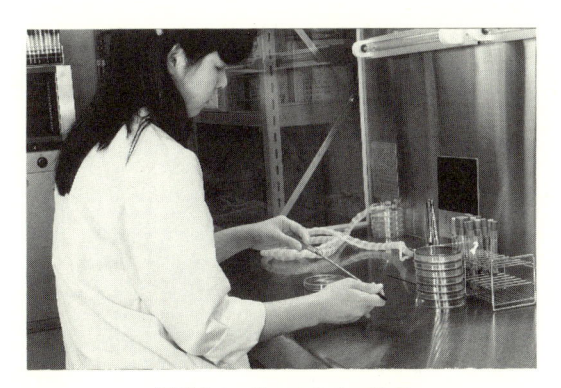

写真 8.1　サルモネラの検査

は,市販鶏卵1 072個からサルモネラは検出されなかったとしており,鈴木[4]は30農協1 500個の殻付き卵からサルモネラは検出されなかったと報じている.アメリカのBakerら[5]は,ニューヨーク州の14養鶏所1 400個の卵について調べ,殻では3個(0.21%)が陽性であり,中味についてはすべて陰性であったと報告している.

一方,液卵については,笠原ら[6]はサルモネラ陽性が28.9%と報じ,オーストラリアのPeel[7]はバルクタンクの液卵で15.3%であり,その原料殻付き卵では,わずか0.2%以下であったとしている.またカナダのKrepelら[8]は,液卵でのサルモネラ陽性率は20.4%と報告している.

著者[9]が日本各地の割卵工場5カ所につき,未殺菌液全卵のサルモネラ陽性率を調べた結果は,表8.1のように年間平均1.7%

8. 卵と食中毒菌

表 8.1　未殺菌液全卵のサルモネラ陽性率[9]

月	工　場					計
	A	B	C	D	E	
1	0/23[a]	0/17	0/18	0/8	0/12	0/78
2	0/23	0/17	0/8	0/28	0/7	0/83
3	0/27	0/23	0/16	0/28	0/6	0/60
4	0/10	0/17	0/15	0/30	0/5	0/81
5	0/19	0/6	0/13	0/8	0/12	0/56
6	0/27	0/19	0/13	2/8	0/4	2/71
7	0/8	3/28	0/15	0/8	0/26	3/85
8	0/5	2/21	3/16	0/7	1/9	6/58
9	3/14	0/16	0/23	0/6	1/21	4/80
10	0/6	0/13	0/23	0/4	0/6	0/67
11	0/8	0/16	0/26	0/5	0/22	0/77
12	0/5	0/11	0/23	0/4	0/8	0/51
計	3/175 (1.7%)	5/204 (2.5%)	3/209 (1.4%)	2/144 (1.4%)	2/155 (1.3%)	15/887 (1.7%)

a) 分母は検体数，分子は陽性数．

とオーストラリアやカナダの報告よりかなり低いものであった．また陽性のものは，7月から9月の3カ月間に限られていた．

殻付き卵と液卵とでは後者の方が陽性率が高いのは，殻付き卵は1個1個について見るのに対し，液卵では数千ないし数万個の卵が1基のタンク中で均一に混ぜられることによるものと思われる．例えば，殻付き卵で1万個に1個（0.01%）サルモネラ陽性があっても，液卵では1検体中1検体陽性（100%）と出てくるからである．

液卵中のサルモネラの数について，鈴木ら[10]は原料卵鮮度や衛生管理レベルの異なる国内4工場の未殺菌全卵を調べ，最も劣

る工場のものでも,1g当たり数百個のオーダーであったと報じており,よほど多量のものを無加熱で摂取しない限り,中毒を起こすようなことはないと思われる.

8.2.3 液卵の殺菌とサルモネラ

液卵の低温殺菌(第4章「鶏卵の一次加工」を参照)によるサルモネラの殺菌効果については,過去に多くの研究例がある.各国で行われている殺菌条件は,サルモネラを死滅させることを第一の目標として設定されており,それに付随して大腸菌群の死滅や細菌数の低減も起こっている.

Dabbahら[11)]は60℃ 3.5分の殺菌で液全卵中のサルモネラが大幅に減少することを報じ,Goleslineら[12)]も60℃ 3分でよいことを示している.サルモネラ中もっとも耐熱性の高いものは,*S. senftenberg* 775Wとされているが,本菌でも初菌数が$10 \sim 10^2$/gレベルなら,上記条件で死ぬとされている.

表8.2は著者[13)]が *S. senftenberg* ATCC 8400について行った

表8.2 液卵中の *Salmonella senftenberg* に及ぼす低温殺菌[a)]の効果[13)]

卵成分	サルモネラ菌数/g					
	無殺菌	殺菌温度 (℃)				
		56	58	60	62	64	66
全 卵	1.3×10^6	—	—	<10	<10	<10	<10
卵 黄	1.4×10^6	—	—	<10	<10	<10	<10
卵 白	1.1×10^6	<10	<10	<10	—	—	—

a) 殺菌時間はいずれも3.5分.

液卵の殺菌試験の結果を示すが,全卵,卵黄で60℃3.5分,卵白で56℃3.5分で,10^6/gレベルのサルモネラは10/g以下に落ちていた.平成元年以降のサルモネラ問題は第9章で述べる.

8.3 卵と黄色ブドウ球菌

8.3.1 黄色ブドウ球菌とは

ブドウ球菌(*Staphylococcus*)はミクロコッカス科(Family Micrococcaceae)に属するグラム陽性の球菌であって,顕微鏡でみるとブドウの房状に特徴のある並び方をしている.Bergey's Manual[14]によれば,ブドウ球菌は黄色ブドウ球菌(*St. aureus*),表皮ブドウ球菌(*St. epidermidis*)など19種に分かれている.黄色ブドウ球菌はエンテロトキシンという毒素を産生し,この毒素によって食中毒を起こす,いわゆる毒素型の食中毒菌の一つである.

黄色ブドウ球菌はヒトや動物の皮膚,粘膜,特に鼻や咽喉あるいは傷口などに広く分布しており,サルモネラのように特にある種の動物との結びつきが深いといったことはない.しかしながらブドウ球菌自体は,卵殻表面あるいは液卵中にしばしば見出されるものであり,また黄色ブドウ球菌は卵焼き,弁当,あるいは製菓関係では,その存否が重要視されている菌であるため,卵製品と黄色ブドウ球菌の関係を考慮しておく必要がある.

8.3 卵と黄色ブドウ球菌

8.3.2 殻付き卵および液卵と黄色ブドウ球菌

　サルモネラを検査する場合，検体25g中の存否を調べるのが普通である．一方，黄色ブドウ球菌では通常試料の10倍希釈液0.1ml中の存否を調べることになっている．したがって，サルモネラの存否の1/2 500のレベルで検査されていることになる．

　殻付き卵の黄色ブドウ球菌陽性率については，比較的調査例が少ない．Pandaら[15]は，1 490個のインドの市販卵から165株のブドウ球菌を検出し，そのうち30.9%がコアグラーゼ陽性（黄色ブドウ球菌）であったことを報じている．庭山ら[16]は，殻付き卵表面1cm^{2}当たりでは検出されなかったが，大量の殻表面を増

写真8.2　黄色ブドウ球菌の検査

8. 卵と食中毒菌

表8.3 無洗の卵殻上における黄色ブドウ球菌の分布[17]

検体グループ[a]	平均細菌数/卵1個	平均ブドウ球菌数/卵1個
1	3.4×10^6	1.0×10^2
2	2.3×10^6	—[b]
3	3.9×10^6	2.0×10^2
4	4.6×10^6	4.5×10^2
5	2.5×10^5	—
6	3.0×10^6	—
7	1.0×10^6	—
8	3.0×10^5	5×10
9	4.5×10^6	3.5×10^2
10	2.3×10^6	—

a) 1グループは10個の鶏卵からなる.
b) 1個当たり50以下を示す.

菌すると陽性であったことを報じている. 著者の調査結果[17]を表8.3に示すが, 100個の卵殻を調べたところ（卵1個の殻表面全面につき），約半数は陰性であり, その数は多いもので卵1個当たり450個といったところであった.

液卵中における黄色ブドウ球菌の存在, あるいは挙動などについては, サルモネラのそれに比べて報告例は少ない. Shafiら[18], Popaら[19]は殺菌済全卵中に黄色ブドウ球菌が存在しなかったことを報じている. Lukasovaら[20]はチェコスロバキアの卵加工場の各段階での黄色ブドウ球菌の陽性率は2%から21.5%であり, その菌数は最高360/gであったと報じている. 鈴木ら[10]は, わが国の衛生管理レベルの異なる4卵加工場の未殺菌全卵の黄色ブ

8.3 卵と黄色ブドウ球菌

ドウ球菌陽性率を調べ，レベルに応じて0〜72.2%（0.1g検体）の陽性率で，その数は最高400/gであり，また殺菌処理後はいずれも陰性になっていたことを報告している．

表8.4 未殺菌液全卵の黄色ブドウ球菌陽性率[17]

月	工　場					計
	A	B	C	D	E	
1	0/22[a]	0/17	0/8	0/28	0/15	0/90
2	0/8	0/8	0/2	0/7	0/3	0/28
3	0/27	0/8	0/16	0/8	0/6	0/65
4	0/8	0/7	0/4	0/8	0/6	0/33
5	0/19	0/6	0/14	0/8	0/9	0/56
6	0/8	0/7	0/13	0/8	0/6	0/42
7	0/8	0/4	0/4	0/8	0/4	0/28
8	0/8	1/6	0/16	0/7	1/20	2/57
9	0/8	0/16	1/8	0/6	0/22	1/60
10	0/6	0/11	0/8	0/4	2/10	2/39
11	0/10	0/2	0/4	0/3	2/7	2/26
12	0/5	0/13	0/8	0/2	0/8	0/36
計	0/137 (0.0%)	1/105 (1.0%)	1/105 (1.0%)	0/97 (0.0%)	5/116 (4.3%)	7/560 (1.3%)

a) 分母は検体数，分子は陽性数．

表8.4は，著者[17]が調べたわが国の5卵加工場の未殺菌液全卵の年間の黄色ブドウ球菌陽性率（0.01g検体）を示す．工場による差異はあるが，年間平均で0〜4.3%，全平均で1.3%であり，8〜11月の4カ月間にだけ検出された．

8.3.3 液卵の殺菌と黄色ブドウ球菌

一般にブドウ球菌の耐熱性は，サルモネラなどの腸内細菌のそ

表 8.5 液全卵中の黄色ブドウ球菌に対する低温殺菌の効果[a),21)]

殺菌温度 (°C)	黄色ブドウ球菌/g 接種株	
	標準株	全卵由来株
殺菌前	8.2×10^6	1.1×10^6
54	5.8×10^6	2.8×10^6
56	4.5×10^6	2.1×10^6
58	8.0×10^4	1.1×10^5
60	6.0×10^4	3.8×10^4
62	6.4×10^3	6.0×10^2
64	2.1×10^2	<10
66	<10	<10

a) 殺菌時間はいずれも 3.5 分.

れよりも若干強いとされている. 表 8.5 は鈴木ら[21)]が行った液全卵中の黄色ブドウ球菌 2 株に対する, 各温度条件での殺菌効果を示したものである. 初菌数が 10^6/g オーダーの場合, 60°C 3.5 分では 2 オーダー程度の減少にしかすぎず, 検出限界以下にするには 66°C 3.5 分という通常の液卵殺菌より強い条件を要した. しかし実際の殺菌前液卵には, 多くても 1g 当たり数百しか本菌は存在せず, 2 オーダー程度の減少があれば, 充分検出限界である 10/g 以下 (または 100/g 以下) に下げることが可能であり, このことが実際の殺菌液卵から本菌が検出されない理由と思われる.

本菌の存否は, 製菓関係や卵焼きなどで重要視されている. カスタードクリーム調製中に品温が 75°C に上がれば本菌は死滅し, また錦糸卵の湯中殺菌では, 500g パック袋中で 90°C 湯中 10 分で完全に死滅することが知られている[17,21)].

8.3.4 マヨネーズと黄色ブドウ球菌

マヨネーズなどに使われる卵黄は通常, 商業的に殺菌されたものが使われており, サルモネラや黄色ブドウ球菌が入り込む余地

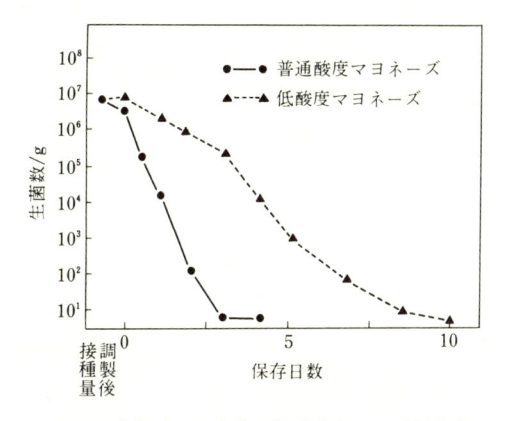

図 8.1 黄色ブドウ球菌の普通酸度および低酸度
マヨネーズ中における減少(20℃)[22]

がない.しかしながら,なんらかの事由で黄色ブドウ球菌がマヨネーズ中に入り込んだ場合,どうなるかを図 8.1[22] に示す.$10^6/$g レベルと大量に汚染させた場合でも,普通酸度のマヨネーズで3日,低酸度(酢が普通のものの 1/2)のマヨネーズでも9日程度で死滅している.サルモネラについても,マヨネーズ中での死滅に関して多くのデータがあるが,同様に数日経てば死滅することが知られている.

8.4 卵とその他の食中毒菌

かなり以前にカンピロバクター,エルシニアなどをはじめとする9種の細菌が,新しく食中毒菌として指定された.これらの中

ではカンピロバクター（*Campylobacter jejuni/coli*）が，特にニワトリと縁の深い菌であり，鶏肉からの検出例も数多く報告されている．近年カンピロバクターによる食中毒はわが国で急増している．その他幾つかの食中毒菌と鶏卵との関係も報告されるようになった．

8.4.1 カンピロバクター（*Campylobacter jejuni/coli*）

　鶏卵とカンピロバクターとの関係については，幾つかの研究が報告されている．森重ら[23)]はカンピロバクターで汚染されているニワトリから産まれた卵360個から本菌の検出を試みたが，すべて陰性であったこと，本菌が卵白中で容易に死滅すること，および卵殻表面では乾燥によって死滅することを報じている．Doyle[24)]は本菌で汚染されたニワトリから産まれた卵226個を試験して，2個の卵殻表面から本菌を検出したが，卵の中身からは検出されなかったとしている．Hänninenら[25)]は本菌は卵黄や全卵中では増殖していったが，卵白中では急速に死滅した（特に20℃以上で）ことを報じている．Clarkら[26)]は卵白中で *C. jejuni* は死滅の方向に向かったこと，卵白中での *C. jejuni* の耐熱性は42℃の D 値で2.4時間と低いものであったこと，濃厚卵白中の方が水様卵白中よりも死にやすいこと，卵白の抗菌力はpHやリゾチームよりもコンアルブミンによるらしいことを報じている．Izatら[27)]は2カ所の加工卵工場から入手した生の卵および加工卵につき *C. jejuni* の検出を試みたが，洗浄水をも含めて検出されなかったとしている．

以上のような報告例からカンピロバクターは鶏肉にはよく見出されるものの、鶏卵では問題視する必要はないと思われる.

8.4.2 エルシニア（*Yersinia enterocolitica*）

エルシニアは大腸菌群やサルモネラなどと同じく、腸内細菌に属するものであり、比較的低温性の細菌で1℃でも増殖できる. ニワトリあるいは鶏卵との関連についての報告は少ないが、Leistnerら[28]によれば、鶏糞中2%、鶏肉中29%の陽性率であったという. Strauß[29]によれば、旧東ドイツの3 341個の卵中63個（1.88%）から本菌が検出されたという. Palumboら[30]は *Y. enterocolitica* の耐熱性はサルモネラの耐熱性と同じであったと報じている. またErickson ら[31]は殺菌済液全卵に接種した *Y. enterocolitica* が2℃でも増殖したことを報じている. Aminら[32]は *Y. enterocolitica* を含む液に殻付卵を種々の温度で浸漬（20 ppmの鉄の存在下または非存在下で）したところ、浸漬直後では全部陰性であったが、10℃3日後で1/24が、10℃7日後では14%が陽性（鉄の存否にかかわらず）であり、14日後にはその数が10^6/mlを超えるものもあったという. さらにBrackettら[33]は本菌がpH 3.2のタルタルソースやpH 3.4の半固体状ドレッシングおよびpH 3.8のマヨネーズ中で急速に死滅したが、低温では死滅速度が遅かったことを報じている. 今井ら[34]は本菌がpH 4.18および4.58のマヨネーズ中で1～6日後に死滅したが、pH 4.18のマヨネーズを10%含むポテトサラダ中では増殖したことを報じている. 本菌は腸内細菌の一つ

であって，耐熱性もサルモネラや大腸菌と同じようなものと思われる．本菌が卵または液卵から検出されたという報告はわが国ではまだない．

8.4.3 エロモナス (*Aeromonas*)

エロモナスは鶏卵に黒玉といわれる腐敗を起こすことで知られている．エロモナス属の細菌が無殺菌液卵や長期保存した鶏卵の内部にいることは指原ら[35]，Imaiら[36]やBoard[37]によって古くから報告されている．エロモナスは大腸菌群と似た生化学的性質を持つが，若干低温性であり，オキシダーゼ陽性という点が大きく違っている．エロモナスの中の *Aeromonas hydrophila* は食中毒菌として指定されており，近年鶏卵との関連も報告されている．

Fehlhaberら[38]は *A. hydrophila* は液全卵中20℃ 2〜3日で活性なエンテロトキシンを作る能力があることを報告している．またEricksonら[31]は *A. hydrophila* は液全卵中では2℃ 14日では増殖しなかったが，6.7℃では増殖したこと，卵白中では6.7℃でも増殖せず，12.8℃で増殖したこと，5％加塩全卵中では顕著に減少したことを報告している．Palumboら[30]は本菌の耐熱性もサルモネラと同様であったことを報じている．

Schumanら[39]は本菌の液全卵中での D 値（ある温度でその菌数が1/10に減る時間）を調べ，60℃では0.026〜0.040分であったことを報じているが，この数値はサルモネラの耐熱性より低いものである．今井ら[34]は本菌もpH 4.18および4.58のマヨネー

ズ中で12～24時間以内に死滅したことを報じている．

8.4.4 リステリア菌（*Listeria*）

リステリア菌（*Listeria monocytogenes*）はグラム陽性の無芽胞桿菌で通性嫌気性菌であるが，微好気条件でよく発育する．本菌はわが国では法的には食中毒菌とみなされていないが，食品微生物学者の間では食中毒菌なみの関心が寄せられている．感染症状はこれまで述べた食中毒菌のように下痢や嘔吐を起こす胃腸疾患型ではなく，髄膜炎，髄膜脳炎，敗血症などを起こす点が違っている．1981年カナダで羊の糞便を肥料としたキャベツのコールスローで大きな本菌中毒が起きたことが知られている．本菌は乳製品にその存在が知られているが，近年海外では鶏卵関連でも検出されたとの報告がある．

Lairdら[40]は洗卵工場の洗浄水など18検体中9検体（50％）からリステリア菌を検出したことを報じ，Leasorら[41]は11の割卵工場で4シーズンにつき各3検体計42検体につきリステリアの検出試験を行い，15検体（36％）が陽性であり，そのうちもっとも多かったのが *L. innocua* で，*L. monocytogenes* は2検体（5％）が陽性であり，その菌数は1ml当たり1個および8個であったと報じている．またMooreら[42]はイギリスの殺菌前液卵173検体中124検体（72％）から低い菌数レベル（最高でMPN 10^2/mlレベル）で検出され，うち *L. innocua* が62.2％，*L. monocytogenes* が37.8％であり，また殺菌液卵500検体はすべて陰性であったと

8. 卵と食中毒菌

報告している．著者らの一人が十年ほど前に国産の未殺菌液卵につき本菌の検出試験を行った時にはすべて陰性であった．

Brackett ら[43]は殻付卵の卵殻上に *L. monocytogenes* を高濃度および低濃度に塗布し，5℃および20℃に6週間まで置いたところすべて検出限界以下になり，20℃の方が早く減少したこと，目玉焼きではわずかしか減少せず，スクランブルエッグ（中心温度70℃～73℃）では検出限界以下になったことを報じている．

Hughry ら[44]は卵白リゾチームが食品中の *L. monocytogenes* を殺したり，抑制したりすることを報じており，Brackett[45]は種々の加工卵に *L. monocytogenes* を接種して保存したところ，10/g 接種した液全卵では0℃，－18℃とも24週後まで生存したことを報じている．Foegeding[46]は液全卵中の *L. monocytogenes* の耐熱性を調べ，D_{60}は1.4 ± 0.2分，D_{66}は0.2 ± 0.01分であったことを報じており，Sionkowski ら[47]は *L. monocytogenes* の生および殺菌卵中での生存性を調べ，本菌は卵黄中でのみ増殖でき，卵白中では急速に減少したが，加熱した卵白中では増殖したことを報告している．Notermans ら[48]は卵白に接種した *L. monocytogenes* は4℃では22日間増減せず22℃では減少し，卵黄中では4℃でも徐々に増殖して22日後には10^8/ml になり，22℃では2日後に10^8/ml になったこと，全卵中では卵黄中の挙動と似ていたこと，25%加糖した全卵中では増殖せず温度によっては急減したことを報じている．

Ahamad ら[49]は1%の酢酸，クエン酸，乳酸などが液体培地中

で *L. monocytogenes* の増殖を阻止し，酢酸がもっとも効果が大であったとしている．Sizmurら[50]はイギリスのチルドパックサラダ50検体中4検体が*L. monocytogenes*陽性であり，13検体が*L. innocua*陽性であり，前者は4℃のサラダ中でも増殖したことを報じている．今井ら[51]は市販マヨネーズ中で本菌は急速に減少したこと，キャベツそのものの中では増殖したが，コールスロードレッシングを14％混ぜたキャベツ（pH 4.7）の中では徐々に減少していったことを報じている．

8.4.5 セレウス菌（*Bacillus cereus*）

セレウス菌はグラム陽性芽胞形成桿菌であり，食中毒菌に指定されていて例年若干の食中毒事例がある．卵に特有の細菌というわけではなく，我々の環境に広く存在するもので，食中毒の原因食としてはおにぎり，焼き飯などがあげられている．セレウス菌をも含めたバチルス属の細菌は食中毒菌としてよりは，むしろ腐敗菌として食品製造業者に嫌われるケースが多い．それはバチルス属の細菌は芽胞を作り，芽胞状態になったものは耐熱性が強くなり，通常の調理時の加熱程度では死滅しないため，惣菜などの日持ちを悪くする原因となるからである．

バチルスの中にはわが国の常温では増殖できず，45℃とか55℃でないと増殖できないものもあり，このような種類のものは耐熱性も著しく高い．しかしこのようなものはホットベンダーで販売されるような食品を除いては問題にする必要はない．セレウス菌

8. 卵と食中毒菌

表 8.6 未殺菌液全卵中の耐熱性菌の分布[a]

試料	細菌数/g	好気性耐熱菌 最確数/g	通性嫌気性耐熱菌 最確数/g	偏性嫌気性耐熱菌 最確数/g
冬期製	5.6×10^3	48 (9/10)[b]	36 (9/10)	0 (0/10)
春期製	4.9×10^3	435 (10/10)	11 (6/10)	0 (0/10)
夏期製	1.8×10^5	640 (10/10)	30 (7/10)	0 (0/10)

a) 数値はいずれも 10 検体の数値の平均値.
b) ( )内の分子は陽性の数, 分母は検体の数.

はわが国の常温でも増殖でき, その耐熱性はバチルスの中では低い方ではあるが, 通常の調理程度では死滅しない.

セレウス菌と卵との関わりについては研究事例が非常に少ない. 表 8.6 は著者らのところで行った未殺菌液全卵(各シーズン 10 検体ずつ, 計 30 検体)中の耐熱性菌 (85°C 15 分で生存) の検出試験の結果である. 偏性嫌気性の耐熱性菌は検出されなかったが, 好気性ないしは通性嫌気性の耐熱性菌はかなりの%で検出された. これは増菌法によってかなりの量の検体を培養したためである. これら耐熱性菌の中にはバチルスが 34.8% を占め, バチルスの中ではセレウス菌が 47.5% を占めていた. 全耐熱性菌中の 16% ほどがセレウス菌であったことになる. 今井ら[52] は世界各国の乾燥卵白中の耐熱性菌の検出試験を行い, 最高 4 700/g の耐熱性菌を含むものがあったこと, いずれの国の製品にも大なり小なり耐熱性菌が存在したこと, 耐熱性菌中セレウス菌は 29.5% を占めていたことを報じている. セレウス菌はリゾチームに感受性はないが, 生卵

8.4 卵とその他の食中毒菌

白中では増殖できず,加熱凝固した卵白中では増殖する[52]).

今井ら[53]) は一養鶏場において種々の段階での鶏卵表面の拭き取り試験を行い,耐熱性菌やセレウス菌の検出を行ったところ,耐熱性菌は卵 1 個当たり $10^1 \sim 10^2$ のレベルで検出されたが,セレウス菌は検出限界 (卵 1 個当たり 600 個) 以下であったことを報じている.これは検出感度の低い試験方法によったものであるが,今井ら[54]) は別に検出感度のよい試験法 (増菌法,卵 1 個の表面上 1 個まで検出可) で養鶏場 (主として鶏卵表面) の拭き取り試験を行い,検出されたバチルス属細菌中 4% がセレウス菌であったことを報じている.非常に新鮮な原料卵と普通に入荷した原料卵をそれぞれ洗卵後割卵した場合と,洗卵せずに割卵した場合の細菌数,大腸菌群数,耐熱性菌最確数,セレウス菌最確数などを調べた結果がある[55]).細菌数と大腸菌群数は洗卵の有無に関係なく,原料卵の鮮度に大きく影響されていたが,耐熱性菌最確数とセレウス菌最確数は鮮度に関係なく,洗卵した方が若干低い菌数に出ていた (第 9 章 表 9.21 参照).しかしいずれにしても 1 g 当たりに換算して 1 個以下という低い菌数であった.

セレウス菌が卵白中で増殖できないという報告[52,55]) もあるが,加熱した卵白中では増殖できる[52]).セレウス菌の芽胞は熱に強く,通常の液卵殺菌条件ではもちろん,UHT 殺菌といわれる 69°C 90 秒の殺菌でも生き残る.BHI 培地中 10°C では 10 日後に大きな菌数に増えるが,5°C 以下では 70 日間まったく増殖しなかった (表 8.7[56])).またセレウス菌 2 株の TSB 中における分裂時間は 15°C では

8. 卵と食中毒菌

表 8.7 UHT殺菌全卵の低温保存で検出された菌の増殖温度[a)][56)]

培養温度(°C)	供試菌	0	5	10	15	30	50	70
10	B. sphaericus	1.4×10^2	7.5×10^2	2.4×10^6	3.5×10^7	—	—	—
	B. cereus	2.1×10^2	1.7×10^3	3.3×10^7	5.9×10^8	—	—	—
	Staphylococcus	2.6×10^4	7.6×10^6	7.2×10^7	6.2×10^9	—	—	—
	Coryneform	1.5×10^4	5.7×10^6	8.9×10^7	9.1×10^9	—	—	—
5	B. sphaericus	1.4×10^2	—	2.1×10^2	4.2×10^2	3.3×10^3	5.1×10^4	2.3×10^5
	B. cereus	2.1×10^2	—	2.3×10^2	3.3×10^2	9×10	6×10	9
	Staphylococcus	2.6×10^4	—	2.0×10^4	1.4×10^4	1.8×10^4	2.5×10^5	3.1×10^6
	Coryneform	1.5×10^4	—	1.8×10^4	2.0×10^4	9.2×10^3	1.5×10^4	1.5×10^4
2.5	B. sphaericus	1.4×10^2	—	1.4×10^2	1.0×10^2	1.4×10^2	1.1×10^2	1.3×10^2
	B. cereus	2.1×10^2	—	2.9×10^2	3.3×10^2	1.6×10^2	9	8
	Staphylococcus	2.6×10^4	—	2.4×10^4	2.0×10^4	9.2×10^3	5.0×10^3	4.6×10^3
	Coryneform	1.5×10^4	—	1.1×10^4	8.8×10^3	5.0×10^3	4.3×10^3	3.9×10^3

a) 純粋分離した菌をプレンハートインヒュージョン培地中で培養.

3.9 時間と 5.5 時間,8°Cでは 72 時間と無限 (480 時間以上),4°Cでは 2 株とも無限であった[54]. セレウス菌の芽胞は液全卵中では比較的容易に栄養細胞に変わるといわれ[57],著者らの実験でも 25°Cでは 2 時間程度,5°Cでも 2 日程度で栄養細胞に変わっている[56]. 栄養細胞に変わって増殖を続け,菌数が $10^7 \sim 10^8/ml$ に達すると再び芽胞を生ずる. セレウス菌でも栄養細胞の状態ではその耐熱性はサルモネラや大腸菌並みに弱い. HACCP 的にいうならば,惣菜製造における調理程度の加熱はサルモネラや黄色ブドウ球菌に対しては CCP になるが,セレウス菌に対しては CCP にならない. セレウス菌に対しては,できた製品の低温保管・流通が CCP となる.

またセレウス菌など芽胞形成菌は熱に強いと同時に,消毒剤などの薬剤にも強い抵抗性を有するので洗浄消毒の際に注意を要する. これらの菌の存在する恐れのある場合には芽胞菌にも効果のある消毒剤を用いるか,消毒剤を高温で用いる必要がある.

8.4.6 その他の食中毒菌

卵焼きによる腸炎ビブリオ食中毒というのも年に数件報ぜられているが,腸炎ビブリオは魚が来源であり,魚を扱った調理器具や手指を介しての二次汚染と思われる. 黄色ブドウ球菌やセレウス菌も我々の環境に広く存在しており,卵由来でなく二次汚染ということもある. 鈴木[58]は食中毒患者から検出された黄色ブドウ球菌とその原料である液卵から検出された黄色ブドウ球菌では,フ

8. 卵と食中毒菌

ァージ型,コアグラーゼ型,エンテロトキシン型などが違っていたという(患者由来はヒト型,液卵由来はトリ型).

病原大腸菌についてはこれまで鶏卵から検出されたという報告はない.病原大腸菌O 157の耐熱性についてAhmedら[59]は種々の脂肪％の食肉類の中でD_{60}は0.50分近辺であったことを報じ,今井[60]は液全卵に接種したg当たり9.6×10^6の病原大腸菌O 157は59℃ 30秒で10^2以下に,3.5分で1以下に減少したこと,および本菌が市販マヨネーズ(pH 4.15)中で25℃ 1日で死滅したことを報じている.

偏性嫌気性菌であるボツリヌス菌(*Clostridium botulinum*)やウェルシュ菌(*C. perfringens*)も食中毒菌として知られている.これらの芽胞も耐熱性が強い.これらの菌が卵から検出されたという報告もない.炒り卵によるウェルシュ菌食中毒が1件のみ報告がある.これらはクロストリジウムという属に入るものであるが,ボツリヌス菌は細菌試験のみでは検出できず,動物試験も入るので一般には検出が難しい.そこで一括してクロストリジウムの検出試験というのが行われる.著者らが液卵や乾燥卵について行ったクロストリジウムの検出試験では,液卵からは検出されず,液卵を濃縮した形になっている乾燥卵白からわずかな％と僅かな菌数(g当たり1個と2個)で検出されたのみであった.また本章の表8.6にも液全卵中の耐熱性菌のうち,偏性嫌気性のものはみられなかったとあるが,それはクロストリジウムが検出されなかったという意味である.

8.5 卵含有食品の HACCP

近年食品製造工場における HACCP（危害分析重要管理点）方式がやかましく叫ばれるようになった．厚生省ではこの方式を採用した工場を総合衛生管理製造過程という制度に取り入れ，承認制度に入れた食品群もあり，すでに乳製品では承認を取り付けた工場や製品も出ている．卵を主成分にした製品ではこの承認制度に入っているものはないが，卵を副原料として使うハム・ソーセージなどの食肉製品，あるいは水産練り製品などはこの承認制度に入っている．中小企業で HACCP システムを取ろうとした場合困るのは，微生物危害をどうするか，CCP の根拠となる微生物学的データをどうするかということであろう．大企業では多くの文献を調べるとか，自社でいろいろの微生物試験を行うことによって処理することができるが，中小企業ではそうはいかない．

卵を含む食品や菓子類の HACCP については「HACCP これからの食品工場の自主衛生管理」―河端俊治，春田三佐夫編，中央法規出版㈱（1992）―や「惣菜の製造管理と HACCP」―河端俊治，春田三佐夫編，同社（1997）―などに述べられている．

卵に存在する，あるいは存在する可能性のある微生物については，本書第7章および第8章に述べたが，細かいものまで一々記載することはいたずらに紙面を大きくするだけで，かえって混乱を招くことになる．

8. 卵と食中毒菌

8.5.1 卵の微生物危害

表8.8はわが国の近年における菓子類の原因菌別食中毒発生状況を，表8.9は同じく卵焼き類の食中毒状況を，また表8.10はサラダ類を原因食とする食中毒状況を示す．表の形式はそれぞれ若干異なるが，いずれも厚生省の全国食中毒事件録（1989年度版～1996年度版）から集計したものである．これらはいずれも卵を主原料ないしは副原料として使っているものである．これらは平成元年以降の数値を示すが，いずれもサルモネラがトップに位し，その中でも特に *Salmonella* Enteritidis（SE）が大きな比率を示している．昭和63年以前では卵や菓子類の食中毒では黄色ブドウ球菌が主要な原因菌であった（第9章参照）．平成元年以降とは様

表8.8　1989年以降の年度別菓子類による食中毒の解析[a]

年度	件数	患者数	原因菌
1989	3	248	SE(2), ブ菌(1)
1990	7	1 799	SE(6), SI(1)
1991	4	128	SE(1), ブ菌(3)
1992	4	392	SE(3), ブ菌(1)
1993	6	245	SE(5), ブ菌(1)
1994	14	433	SE(13), ブ菌(1)
1995	4	132	SE(3), SH(1)
1996	17	1 874	SE(14), SH(1), ST(1), 不明(1)
計	59	5 251	SE(47), SH(2), ST(1), SI(1), ブ菌(7), 不明(1)

a) SE(2)はSEによるものが2件あったことを示す．ブ菌は黄色ブドウ球菌，SIは *S.* Infantis，SHは *S.* Heidelberg，STは *S.* Thompsonを示す．

8.5 卵含有食品の HACCP

相が大きく違っていた．黄色ブドウ球菌は平成元年以降も頻度は低いが卵含有食品の原因菌としてあげられている．また腸炎ビブリオも原因菌としてあがっているが，来源的にみて卵からではなく魚からの二次汚染であろう．病原大腸菌は1996年にサラダの食中毒原因菌として5件あげられているが，卵由来ではなく二次汚染とみられている．

著者らとしては殻付卵や液卵の食中毒菌としてサルモネラと黄色ブドウ球菌の二者をあげたい．セレウス菌も存在する可能性が

表8.9 わが国の近年における卵焼き類による食中毒例[a]

年度	件数	患者数／摂食者数	原因菌
1989	6	590／1 505	ブ菌[b]3, 腸ビ[c]3, サ菌[d]1(SE 1)
1990	5	617／4 499	サ菌3[SE(1), O7(2)], 腸ビ2
1991	13	751／4 696	サ菌7[SE(2), O7(1), 不明(4)], ブ菌6, 腸ビ1
1992	6	389／1 001	サ菌5[SE(3), ST[e](1), SM[f](1)], ブ菌1
1993	4	89／220	サ菌2[SE(2)], ブ菌2
1994	8	203／2 145	サ菌7[SE(6), ST(1)], 腸ビ1
1995	8	404／696	サ菌6[SE(6)], ブ菌2
1996	13	1 235／4 180+α	サ菌11[SE(11)], 腸ビ1, ウェルシュ菌1
計	63	4 278／18 942+α	サ菌41[SE(31), O7(3), ST(1), SM(1), 不明(4)], ブ菌15, 腸ビ8, ウェルシュ菌1

原因食品：だし巻，オムレツ，厚焼卵，錦糸卵，スクランブルエッグ，炒り卵
原因施設：飲食店，旅館，給食場，仕出し屋，家庭
中毒原因：原料卵汚染，二次汚染，加熱不足，常温長時間放置

a) 1992年の京都，大阪方面での1件4 000人を超える SE 食中毒は卵焼きが疑われたが，本表には含まれていない．
b) 黄色ブドウ球菌, c) 腸炎ビブリオ, d) サルモネラ, e) *S.* Typhimurium,
f) *S.* Montvideo.

8. 卵と食中毒菌

表8.10 わが国の近年におけるサラダによる食中毒 (1989〜1996)

原因菌	中毒件数		患者数	
S. Enteritidis	21(53.8%)		4 486(76.8%)	
S. Typhimurium	2(5.1)	25(64.1)	242(4.1)	4 749(81.3)
Salmonella O7	1(2.6)		6(0.1)	
S. Branderup	1(2.6)		15(0.3)	
黄色ブドウ球菌	4(10.3)		281(4.8)	
腸炎ビブリオ	4(10.3)		81(1.4)	
病原大腸菌	5(12.8)		729(12.5)	
不明	1(2.6)		3(0.1)	
計	39		5 843	

中毒原因施設:給食施設, 飲食店, 販売店, 旅館, 製造所, 家庭の順.
中毒原因:自家製マヨネーズ (SE汚染卵), 二次汚染, 温度管理不良など.

あるが, その菌数は非常に少なく, 腐敗微生物としてあげるバチルスの対策で対応できるので, あえて食中毒菌の部にあげる必要はなかろう.

汚染指標菌には大腸菌群, 糞便系大腸菌 (E. coli), 腸球菌の三者をあげたい. 大腸菌群が卵殻表面, 古い卵の内部, あるいは無殺菌液卵に存在することは広く知られている. 食品衛生学的分類による糞便系大腸菌 (EC培地による E. coli) が卵殻表面や無殺菌液卵に存在することは指原ら[35], 鈴木ら[10,61] によって報ぜられている. 腸球菌と卵との関わりは指原ら[35], 鈴木ら[10,61,62], Imaiら[63,64] が詳細に報じているが, 卵白中では増殖しないが卵黄が混じると増殖するため, 卵殻由来の腸球菌は無殺菌液卵中に少数存在するということである. 大腸菌群の耐熱性はサルモネラと同程

度であるが,腸球菌のそれはやや強く,液全卵中で 64～66℃ 3.5 分程度である[64].

卵の腐敗微生物も全部をあげることはかえって混乱を招く.卵に存在する微生物のうちでも菌数が増えても,人の五感で分かる腐敗状態を呈しないものもある.一方菌数が増えると明らかな腐敗状態を呈するものもある.*Pseudomonas, Aeromonas, Proteus, Flavobacterium, Bacillus* などは頻繁に卵に存在し,かつ明らかな腐敗状態を呈する.カビ・酵母なども明らかな腐敗状態を呈する.卵の腐敗微生物としては,*Pseudomonas, Aeromonas, Bacillus*,カビ・酵母などを代表としてあげればよかろう.

分け方として,非芽胞形成菌,芽胞形成菌,カビ・酵母などという分け方にすることも可能である.この分け方では調理程度の加熱で死滅するものが非芽胞形成菌で,調理程度の加熱では死なないものを芽胞形成菌とすることができる.

8.5.2 卵を含む食品に対する CCP の根拠

液卵の低温(冷蔵または凍結)保管は食中毒菌,汚染指標菌,腐敗微生物すべてに対する CCP となる.ただし低温性の細菌もいるので冷蔵の場合には期限を決める必要がある.殻付卵の場合,ある日数以上保管する場合とか,ひび卵,汚卵などの場合には冷蔵保管する必要がある.殻付卵を入荷翌日に使用するような場合には冷蔵の必要はない.殻付卵あるいは液卵を冷蔵保管すればある程度の日数は微生物の増殖を抑えられることは本書に幾つもの例

があげられている.しかしながら,鶏卵あるいは無殺菌液卵には低温性の細菌,すなわち Aeromonas, Alcaligenes, Flavobacterium, Pseudomonas のようなものが存在するため,冷蔵保管なら無期限に保管できるわけではない.表8.11[54]は卵に関連のある低温性細菌の液体培地中における分裂時間を示すが,5°Cあるいは0°Cでも増殖できるものがあることが知られる.低温性細菌といっても低温の方が中温より増殖が速いということではなく,25°Cと5°Cとでは後者の方がはるかに分裂時間は長い.したがって低温保管は低温性細菌に対しても有効な増殖抑制手段であることに間違い

表8.11 卵関連低温性細菌の増殖に及ぼす培養温度の影響[a) 54)]

供試菌名	培養温度(°C)						
	25	20	15	10	5	0	−4
Alcaligenes faecalis	3.5	4.0	6.0	21	34	>40	>40
Acinetobacter carcoaceticus	1.5	4.0	8.1	9.2	15	>40	>40
Serratia marcescens	0.3	0.4	0.7	1.7	7.7	>40	>40
Pseudomonas aeruginosa	2.1	3.7	5.4	23	38	>40	>40
P. putida	1.3	1.5	2.2	5.5	13	>40	>40
P. maltophilla	1.9	2.5	5.0	10	25	>40	>40
P. fluorescens	2.1	3.1	3.6	5.4	6.0	35	>40
Yersinia enterocolitica	0.4	1.5	1.8	3.3	8.0	25	>40
Aeromonas hydrophila	0.2	0.3	0.5	1.3	8.0	28	>40
Escherichia coli[b)]	0.2	0.3	1.3	5.0	37	>40	>40

a) 0.1%グルコース加普通ブイヨンに,10^2/ml になるよう各菌液を接種し,恒温器,低温恒温器に入れて培養し,濁度(OD)が0.15に達した日数で示す.
b) 中温性細菌であるが,比較のため実施した.

8.5 卵含有食品の HACCP

はないが,ただ5℃近辺でも無期限に保管はできないという意味である.殺菌液卵や加熱調理済食品では,このような低温性細菌が死滅していることが多く,加熱殺菌と低温保管との組み合わせはより有効である[65].厚生省の液卵に対する指導要領でも,殺菌液卵の使用期限の目安は無殺菌液卵のそれよりも長くなっていた.

有害微生物を積極的に殺す,ないしは減らす工程はCCP1といって,単に増殖や汚染を抑えるCCP2と区別する(流儀によっては区別せず単にCCPとだけにしているものもある).サルモネラや黄色ブドウ球菌などは比較的耐熱性が弱く,調理程度の加熱で死滅する.厚生省ではサルモネラを対象にして,調理時に70℃ 1分以上またはそれに相当する加熱を行うこととしている.液全卵の殺菌の場合は60℃ 3.5分以上の殺菌としているが,卵を使用する最終製品の場合には食塩,砂糖その他の調味料などが入るのが普通であり,その場合サルモネラの耐熱性が増すので,純液全卵の場合より強い殺菌条件にしている.しかしこの程度の熱では芽胞菌を殺すには至らない.もちろん最終製品の包装後の湯中殺菌程度でも同様に芽胞菌を殺すことはできない.卵は強く加熱すると触感が固くなりすぎたり硫化黒変をおこすので,卵を主成分とする製品はあまり強く加熱することができない.

卵を使う食品(料理)の種類によっては,加熱のできないものもある.その場合には殺菌済液卵あるいは生食用殻付卵(賞味期限内の正常卵)を使って,最終食品や料理ができ上がったら速やかに摂食することになっている.この速やかに摂食するというの

8. 卵と食中毒菌

が重要であり，殺菌液卵や生食用殻付卵を使えばあとはどうでも良いという意味ではない．殺菌液卵といっても耐熱性の細菌は残っているし，生食用殻付卵といってもサルモネラ陰性を意味するものではなく，サルモネラがいても中毒を起こさない程度の菌量であるというにすぎない．したがって最終食品（料理）になってからの保管が悪いと，耐熱性の細菌やサルモネラが増殖して腐敗や食中毒を起こす恐れがある．

芽胞菌はグラム陽性菌であり，卵白中では増殖せず，割卵時に卵殻上から汚染する程度の比較的少ない菌数である．したがって最終製品を低温に保管することによって賞味期限内はその菌数を少なく抑えることが可能である．換言すれば加熱する惣菜類の賞味期限の設定は芽胞菌が大きく増殖しない日数に決めるということである．芽胞菌が低温においては増殖が顕著に遅れることは本書に幾つもの例が出ている．

結論的にいうと，卵加工品のCCPは原料液卵（殻付卵）の低温保管と調理時の加熱，もし製品を密封包装後湯中殺菌すれば湯中殺菌（その時の完全密封も），および最終製品の低温保管流通ということになる．加熱後の冷却が悪いと製品中の微生物が増殖する場合がある．そのような場合には冷却もCCPにする．製品によっては多少冷却が遅れても実害のない場合もある．そのような場合には一般衛生管理事項とする．卵黄を使用するマヨネーズやドレッシング類のCCPは通常の加熱によるものではなく，食塩や食酢の酢酸によって有害微生物を制御するものである．詳しくは本書

8.5 卵含有食品の HACCP

第9章9.5.2あるいは著者らの一人が著した「マヨネーズ・ドレッシングの知識」(幸書房, 1993) を参照されたい.

殻付卵の洗浄消毒は実際の工程では効果が小さく, また洗卵消毒時にすでに卵内にいる細菌には無効であるため, CCP にはしない. また製造用機器類の洗浄消毒も重要であるが, これは一般衛生管理事項として行う.

食品製造工程における CCP の決定の根拠となるデータを得るには, 危害となる微生物を当該製品に接種して増殖態度や殺菌効果などをみることが行われる. しかしこの種の試験を食品工場と同一建物内にある試験室で行うのは場合によっては危険である. 特にサルモネラや黄色ブドウ球菌のような食中毒菌の場合には危険である. そのような場合, サルモネラに代えて通常の大腸菌, 黄色ブドウ球菌に代えて通常の *Staphylococcus* 属の細菌というように, 耐熱性や増殖態度の似ている毒性のない菌をもって代用することができる. 図 8.2[66] は卵豆腐を湯中殺菌した場合の中心温度の上昇曲線を示すが, このように当該食品の温度履歴を知ることによって, この工程でサルモネラや黄色ブドウ球菌は死滅するといったことを推定できる. 加熱時の製品中心温度の履歴を計って記録することは, HACCP における監視／測定の手段としても重要である. もちろん危害の対象となる微生物の耐熱性や増殖温度域などを文献で知っておく必要はある.

また, 特に対象微生物の添加を行わなくても, 正規の製造法で作った製品を賞味期限の間保存して, 保存後の製品の細菌試験を

8. 卵と食中毒菌

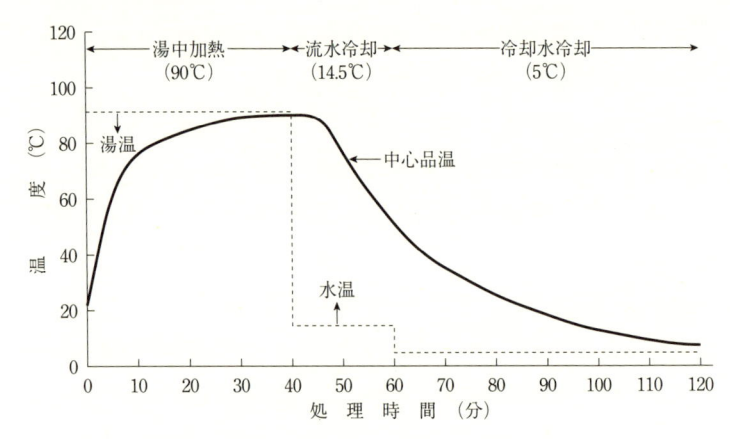

図8.2 卵豆腐の加熱,冷却時の中心温度の推移[66]
(64 mm×40 mm×120 mm 容器入り,300 g)

行って異常のないことを確かめることも CCP の根拠の設定に役立つ.ただしこの場合には1回や2回の試験結果でなく,数多くのデータの積み重ねが必要である.例えば1年分とか夏場を挟んでの半年分のデータといったものが必要である.

8.5.3 鶏卵の化学的および物理的危害とその防除

化学的危害には原料卵の残留農薬,抗生物質,合成抗菌剤などがあげられる.これらは通常の食品製造工場では試験が難しく,また検査ができても除去できるわけではない.したがってこれらは納入業者との間の契約時に品質規格書を取り交わし,これらの汚染のない鶏卵を納入してもらうようにする.もちろん定期的に納

入業者から公的機関の分析証明書を取ることも必要である．これらは一般衛生管理事項である．

製造工程における機器の洗浄剤，消毒剤などの混入も化学的危害となる．自社の洗浄消毒規定，薬剤保管規定などに則った正しい使用方法が対策となるが一般衛生管理事項である．製品に使用基準のある食品添加物を使用する場合は，その調合を誤れば化学的危害となる．自社の原料秤量調合作業基準などに則った正しい調合が対策となるが，これは CCP となる．

物理的危害は卵殻片の混入である．卵殻自体は別に毒性のあるものではないが，場合によると口内やのどを傷つけることがある．同じ卵由来の異物でもカラザや卵黄膜は人の健康を損なうものではないので対象にする必要はない．ただし商業的な品質としては除去する方が望ましい．

卵殻片混入の防除手段としては，割卵後の液卵の時点あるいは最終製品が液状の場合には最終混合液の時点でのストレーナーによる沪過が CCP となる．これもあらかじめ沪過された液卵を使って，他の原料にも異物がないような場合には，沪過は一般衛生管理事項として処理する．

また製造用機械器具類からの金属部品の混入なども物理的危害である．対策は自社の作業基準に則した正しい機械器具の取扱い，金属検出機の使用などであるが，一般衛生管理事項である．その他の一般衛生管理事項については，HACCP の専門書を参照されたい．

8. 卵と食中毒菌

8.6 ま　と　め

　以上，卵と食中毒菌との関係について述べたが，重要なのは生の卵におけるサルモネラと，卵焼きなどにおける黄色ブドウ球菌である．殻付き卵1個1個ではサルモネラ陽性率は著しく低いが，多くの卵を混ぜた液卵になるとある程度のパーセントで検出される場合がある．液卵は殺菌されたり，あるいは最終食品になるまでに加熱を受けるのが普通であるが，未殺菌液卵からの二次汚染には常に留意する必要がある．

　一方，黄色ブドウ球菌も卵焼きやカスタードクリームなどにした場合は加熱の過程で死滅するが，黄色ブドウ球菌はわれわれの周囲の環境に広く存在するため，二次汚染を起こしやすい．卵焼きでは焼いた直後は陰性でも，包装までの間に汚染して，流通の間に増えたり，あるいは弁当屋で並べかえられたりしている間に汚染を受ける可能性もあり，製造後消費までの間の管理が重要である．

　その他の食中毒菌については，今のところよく調査されていないものが多いが，セレウス菌が加熱後でも残存すること，および本菌はわれわれを取巻く環境に広く存在することを，常に念頭におく必要があろう．また，近年リステリア菌（*Listeria monocytogenes*）という低温細菌が食中毒の原因となることが知られてきたが，本菌が卵を汚染していることもあるといわれているので注意を要する．

近年食品製造において HACCP システムによる製造管理が推奨され，厚生省でも総合衛生管理製造過程の承認制度を取り，一部の食品ではすでに承認を受けている．承認制度に入った食品群でも原料の一部に卵製品を使用するもの，例えばハム・ソーセージや水産練り製品などがある．承認制度に入っていない食品についても厚生省では自主的に HACCP 方式で管理することを推奨している．液卵や鶏卵を使用する惣菜や洋菓子類は承認制度に入っていないが，自主的な HACCP 方式で管理する場合の微生物危害分析および CCP の根拠として本章は役立つであろう．

文　献

1) 中嶋　茂，滝本浩司，食品衛生研究, **37**, (7), 50 (1987).
2) Panda, P. C., *J. Food Sci. Technol.* (Mysore), **9**, (1), 32 (1972).
3) Harms, V. F., Kluse, Kl. P., *Arch. Lebensm.*, **27**, 144 (1976).
4) 鈴木　昭, モダンメディア, **12**, (11), 24 (1966).
5) Baker, B. C., Goff, J. P., *Poultry Sci.*, **59**, 289 (1980).
6) 笠原弘造ほか, 食品衛生研究, **25**, 49 (1964).
7) Peel, B., *Queensland J. Agr. Ani. Sci.*, **33**, 13 (1976).
8) Krepel, J.M., Mopherson, L.M., *Can. J. Public Health*, **67**, 411 (1976).
9) 今井忠平, "鶏卵の知識", p.265, 食品化学新聞社 (1983).
10) 鈴木　昭ほか, 食衛誌, **22**, 223 (1981).
11) Dabbah, R. *et al.*, *Poultry Sci.*, **50**, 1772 (1972).
12) Goresline, H.F. *et al.*, "Pasteurization of Liquid Whole Egg under Commercial Conditions to Eliminate Salmonella",

p. 16, U.S.D.A (1951).
13) 今井忠平, "鶏卵の知識", p. 266, 食品化学新聞社 (1983).
14) Sneath, P.H.A. *et al.,* "Bergey's Manual of Systematic Bacteriology", Vol. 2, p. 1013, Williams & Wilkins (1986).
15) Panda, P.C., Panda, B., *J. Food Sci. Technol. India*, **12**, (4), 165 (1975).
16) 庭山邦子ほか, 都衛研年報, 31-1, 127 (1980).
17) 今井忠平, ニューフードインダストリー, **25**, (1), 60 (1983).
18) Shafi, R. *et al., Poultry Sci.,* **49**, 578 (1970).
19) Popa, G. *et al.,* "Microbiologia", Vol. 1, p. 725, Lab. de Control Alimente (1970).
20) Lukasova, J. *et al., Prumysl Potravin,* **27**, (3), 170 (1776).
21) 鈴木 昭ほか, 食衛誌, **23**, 45 (1982).
22) 今井忠平, 斉藤純子, ニューフードインダストリー, **27**, (7), 4 (1985).
23) 森重正幸ほか, 食品と微生物, **1**, 114 (1984).
24) Doyle, M.P., *Appl. Environ. Microbiol.,* **47**, 533 (1984).
25) Hänninen, M.L., *J. Hyg. Camb.,* **92**, 53 (1984).
26) Clark, A. G., Bueschkens, D. H, *J. Food Protec.,* **49**, 135 (1986).
27) Izat, A. L., Gardner, F. A., *Poultry Sci.,* **67**, 1431 (1988).
28) Leistner, L., *Fleischwirtschaft,* **55**, 1599 (1975).
29) Strauß, Von L., *Mh. Vet-Med.,* **41**, 100 (1986).
30) Palumbo, S. A. *et al., J. Food Protec.,* **50**, 761 (1987).
31) Erickson, J. P., Jenkins, P. J., *J. Food Protec.,* **55**, 8 (1992).
32) Amin, M. K., Draughin, F. A., *J. Food Protec.,* **53**, 826 (1990)
33) Brackett, R. C., *Int. J. Food Microbiol.,* **3**, 243 (1986).
34) 今井忠平, 中丸悦子, ニューフードインダストリー, **27**, (7), 4 (1985).
35) 指原信広ほか, 食衛誌, **20**, 126 (1979).
36) Imai, C., Saito, J., *Poultry Sci.,* **62**, 331 (1983).

37) Board, R. G., *J. Appl. Bacteriol.*, **28**, 437 (1965).
38) Fehlhaber, K. Scheibner, G., *Monatschafte für Veterinämed.*, **40**, 599 (1985).
39) Schuman, J. D. et al., *J. Food Protec.*, **60**, 231 (1997).
40) Laird, J. M. et al., *Int. J. Food Microbiol.*, **12**, 115 (1991).
41) Leasor, S. B., Foegeding, P. M., *J. Food Protec.*, **52**, 777 (1989).
42) Moore, J., Madden, R. H., *J. Food Protec.*, **56**, 652 (1993).
43) Brackett, R. E., Beuchat, L. R., *J. Food Protec.*, **55**, 862 (1992).
44) Hughry, V. L. et al., *Appl. Environ. Microbiol.*, **55**, 631 (1989).
45) Brackett, R. E., Beuchat, L. R., *Food Microbiol.*, **8**, 331 (1991).
46) Foegeding, P. M., Stanley, N. W., *J. Food Protec.*, **53**, 6 (1990).
47) Sionkowski, P. J., Scolef, L. A., *J. Food Protec.*, **53**, 15 (1990).
48) Notermans, S. et al., *Int. J. Food Microbiol.*, **13**, 55 (1991).
49) Ahamad, N., Narth, R. H., *J. Food Protec.*, **52**, 688 (1989).
50) Sizmur, K., Walker, C. W., *Lancet* I (8595), 1167 (1988).
51) 今井忠平, 上杉郁子, 油脂, **42** (9), 90 (1989).
52) 今井忠平, 中丸悦子, ニューフードインダストリー, **32**, (1), 77 (1990).
53) 今井忠平, 栗原健志, 鶏卵肉情報, **25**, (4), 38 (1995).
54) 今井忠平ほか, ニューフードインダストリー, **37**, (1), 63 (1995).
55) 今井忠平ほか, 同上, **37**, (2), 42 (1995).
56) 今井忠平, 同上, **38**, (1), 57 (1996).
57) Wood, S. L., Waites, W. M., *Food Microbiol.*, **5**, 103 (1988).
58) 鈴木 昭, "生活と衛生微生物 (春田三佐夫ほか編)", p.52, 南山堂 (1985).
59) Ahmed, N. M., et al., *J. Food Sci.*, **60**, 606 (1995).
60) 今井忠平, 油脂, **49**, (11), 54 (1996).
61) 鈴木 昭ほか, 食衛誌, **20**, 247 (1979).
62) 鈴木 昭ほか, 同上, **20**, 442 (1979).
63) Imai, C., *Poultry Sci.*, **57**, 134 (1978).

8. 卵と食中毒菌

64) Imai, C., *Ibid.,* **59**, 1767 (1980).
65) Imai, C. *et al., Ibid.,* **65**, 1679 (1986).
66) 今井忠平, 未発表.

9. 近年のサルモネラ問題

9.1 サルモネラ問題の概況

9.1.1 わが国の状況

 卵とサルモネラの関わりについては,すでに第8章に述べたが,それは昭和63年までの状況である.平成元年以降わが国において,卵とサルモネラの関わりに大きな変化が生じており,業界に大きな波紋を巻き起こしている.古くからサルモネラによる食中毒というのはあり,年間70〜100件,患者数にして3 000〜4 000人というのが従来の実績であり,これは腸炎ビブリオ,黄色ブドウ球菌に次いで例年3位になっていた.それが平成元年になって突如黄色ブドウ球菌を抜いて2位になり,さらに平成3年には患者数で腸炎ビブリオを抜いて1位に躍り出て,平成4年には件数,患者数とも1位になるという異常な事態になった.記憶に残る事件としては,平成元年の東京都における病院,老人ホームなどの一連のサルモネラ中毒,平成2年の広島市におけるティラミスという洋生菓子によるサルモネラ中毒事件,平成4年の京都,大阪方面における2 000人を超える中毒事件などがある.

 図9.1は近年のわが国における主要な三つの食中毒菌による患

9. 近年のサルモネラ問題

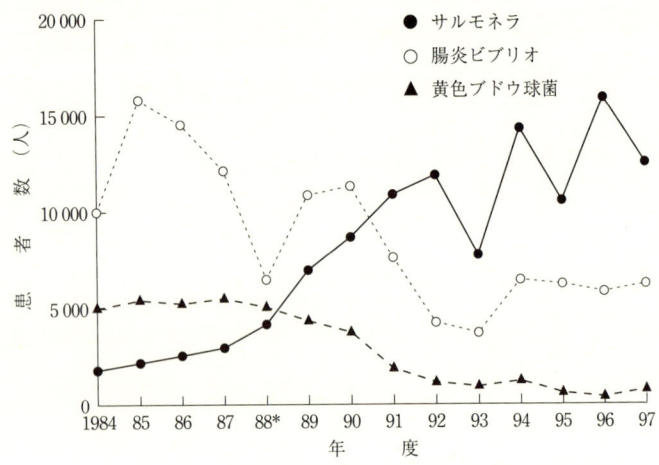

図9.1　近年のわが国における主要3食中毒菌による患者数

＊1件で約1万人の患者が出た事件があったので，グラフではその分を引いた数で示した．

者数の推移を示す．

　従来のサルモネラ食中毒では，原因食品は卵よりもむしろ肉や魚によるものが多かった．しかし，平成元年以降のサルモネラ食中毒においては，鶏卵がその原因とみられるケースが急増している．表9.1は近年の菓子類および卵関連食品によるサルモネラ，黄色ブドウ球菌などによる食中毒状況を示すが，昭和63年以前と平成元年以降では，明らかにパターンが違っている．すなわち昭和63年以前には，これらの食品ではサルモネラによるよりも黄色ブドウ球菌による食中毒が多かったのに対し，平成元年以降ではサ

9.1 サルモネラ問題の概況

表9.1 年度別菓子類および卵類によるサ菌[a], ブ菌[b]などによる食中毒状況

	1984	1985	1986	1987	1988	1989	1990	1991	1992	1993
菓子類										
サ菌 件数	2	0	3	0	0	3	3	2	1	3
患者数	27	0	50	0	0	262	719	132	206	180
ブ菌 件数	2	9	13	9	7	3	2	3	4	3
患者数	23	557	1 377	172	322	22	21	13	12	18
他菌[c] 件数	21	1	1	0	0	1	1	0	0	0
患者数	599	4	45	0	0	2	103	0	0	0
合計 件数	25	10	17	9	7	7	6	5	5	6
患者数	649	581	1 572	172	322	286	843	145	218	198
卵 類										
サ菌 件数	1	4	3	1	2	10	4	11	19	9
患者数	39	153	60	17	38[d]	688	565	1 079	1 446	386
ブ菌 件数	5	5	8	1	6	5	0	0	2	2
患者数	45	61	171	9	106	280	0	0	202	43
他菌 件数	3	4	4	3	5	11	3	1	0	1
患者数	55	240	288	120	196	588	92	19	1	14
合計 件数	9	13	15	5	12	21	7	12	21	12
患者数	139	454	519	145	340	1 276	547	1 098	1 648	443

a) サルモネラ, b) 黄色ブドウ球菌, c) その他の菌, d) 1件で1万人の患者を出した事件があり,その分を補正した.
(食品衛生研究, 1985〜94)

ルモネラによるものが増えている.

変わったのは原因食品ばかりでなく, 中毒を起こすサルモネラの血清型にも及んでいる. すなわち以前は, サルモネラ中毒では *S.* Typhimurium が1位であったのに対し, 平成元年以降は従来あまり注目されていなかった *S.* Enteritidis (以下 SE と略す) が1位に躍り出ている. 図9.2[1] は近年のサルモネラ食中毒患者から検

9. 近年のサルモネラ問題

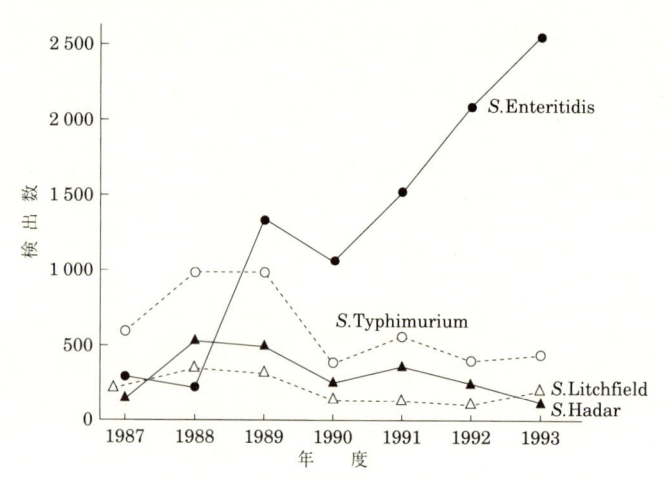

図9.2 わが国でヒトから検出されるサルモネラの主要血清型の推移[1]

出されたサルモネラの主要な血清型の推移を示すが,平成元年以降のSEの急増に気が付くであろう.

平成元年以降の卵由来SE食中毒急増の原因については明瞭でない部分が多い.昭和63年ないし平成元年にイギリスから輸入された種鶏ヒナにSE感染を受けたものがあったのが原因ではないかという説[2]もあるが,ファージ型(PT)からみて必ずしもそればかりとはいえない部分がある.すなわちイギリスでもSE騒ぎがあるが,イギリスの卵由来SE食中毒では,PT 4がほとんどであり,一方,平成元年のわが国のSE食中毒ではPT 34がほとんどであったからである.図9.3[1]に近年のわが国における中毒患者から検出

— 232 —

9.1 サルモネラ問題の概況

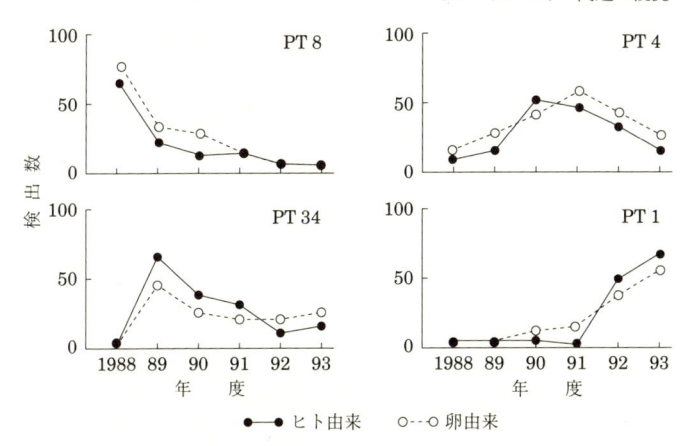

図9.3 ヒトおよび卵由来SEのファージ型(PT)の推移[1]

されたSEのPTと,液卵や卵使用食品から検出されたSEのPTの推移を示すが,わが国の場合,同じSEといっても,年によって優勢になるPTが異なっている.

一方イギリスをはじめとするヨーロッパではPT 4,アメリカやカナダではPT 8が優勢というように,年による変動はない.

9.1.2 海外における状況

近年の鶏卵由来SEによる食中毒の急増は,何もわが国に限ったことではなく,欧米各国ではわが国より数年早く起こっており,今や世界的な傾向になっている.表9.2[3]に主要な国における1979～87年の9年間のヒトからのSE検出数の増加を示す.±0が増減なしで,+100%が2倍になったことを意味するから,これら

9. 近年のサルモネラ問題

表 9.2　1979〜87 年の 9 年間における主要国の
SE 検出数の増加[3]

国　　　　名	検出数 1987/1979
カナダ	+85.0%
アメリカ	+84.2%
アルゼンチン	+>1 000.0%[a]
ブラジル	+>1 000.0%[a]
ブルガリア	+119.0%
イングランド／ウェールズ	+427.0%
フィンランド	+321.0%
フランス	+121.1%
スコットランド	+629.3%
スペイン	+208.9%
スウェーデン	+223.2%
ハンガリー	+240.2%
ギリシャ	+260.4%

a) 1979 年の検出数が著しく少なかったため．

の国でいかに SE 食中毒が増えたかが分かるであろう．ドイツはこの表には出ていないが，その後 1993 年に発刊された *Der Spiegel* という雑誌[4]によれば，ドイツもまた SE 食中毒が流行し年間 200 人の死者が出たという．

欧米においては，かなり前から官，学，産を挙げて SE 問題について調査，研究を続けているが，未だにニワトリからの SE の駆逐や，ヒトの SE 食中毒を完全に防止することはできていないようであり，SE 対策の難しさが知られる．表 9.3[5]に欧米で発表された鶏卵からの SE 検出率を示す．採取した鶏卵の出所によりかなりの差異があるが，大雑把にみて 5 000 ないし 1 万個に 1 個といったと

9.1 サルモネラ問題の概況

表 9.3　海外における鶏卵からの SE 検出率[5]

国	検 出 率[a]		備　　考	報 告 者	報告年度
イギリス	2/2 000	(中身)	中毒原因養鶏場	Timbury	1989
	7/2 000	(殻上)	同上	同上	同上
イギリス	3 %	(中身)	中毒原因養鶏場	Humphrey	1989
	10 %	(殻上含む)	同上	同上	同上
イギリス	11/1 119	(中身)	汚染養鶏場	Humphrey ら	1989
スペイン	1/780	(中身)	養鶏場	Perales ら	1989
	1/780	(殻上)	同上	同上	同上
	0/120	(中身)	小売店	同上	同上
	4/120	(殻上)	同上	同上	同上
イギリス	0 %	(中身)	中毒原因養鶏場	Cowden ら	1989
イギリス	1/100 000	(中身)	中毒流行地方	Duguid	1990
イギリス	1/15 000	(中身)	イギリス農水省調べ	Anon	1989
イギリス	0/100 000	(中身)	イギリス養鶏業者調べ	同上	同上
アメリカ	<1/10 000		中毒流行地方	Morris	1989
アメリカ	1/10 000	(中身)		CDC	1990
アメリカ	5/15 000	(中身)	中毒流行地方	Shane	1989
アメリカ	1/10 000	(中身)	同上	Wilzack ら	1989
	1/200	(中身)	感染鶏	同上	同上
アメリカ	<1/1 000	(中身)	汚染養鶏場	Morris	1990
アメリカ	4/132	(中身)	人工感染鶏, 新鮮時	Gast ら	1991
	5/134	(中身)	同上, 7.2℃ 7日後	同上	同上
	22/138	(中身)	同上, 25℃ 7日後	同上	同上
イギリス	5/1 085	(中身)	汚染養鶏場[b]	Humphrey ら	1991
	12/1 603	(中身)	同上[c]	同上	同上

a) 分母は供試検体数, 分子は陽性検体数, %表示のものは検体数不明.
b) 産卵後 7 日以内に検査.
c) 産卵後 21 日以内に検査.

ころと思われる．また，図 9.4[6] にイギリスにおける近年のヒトからのサルモネラの検出数を示すが，SE 特に PT 4 の検出が急増し，それによって全サルモネラの検出数が上がっている形になってい

9. 近年のサルモネラ問題

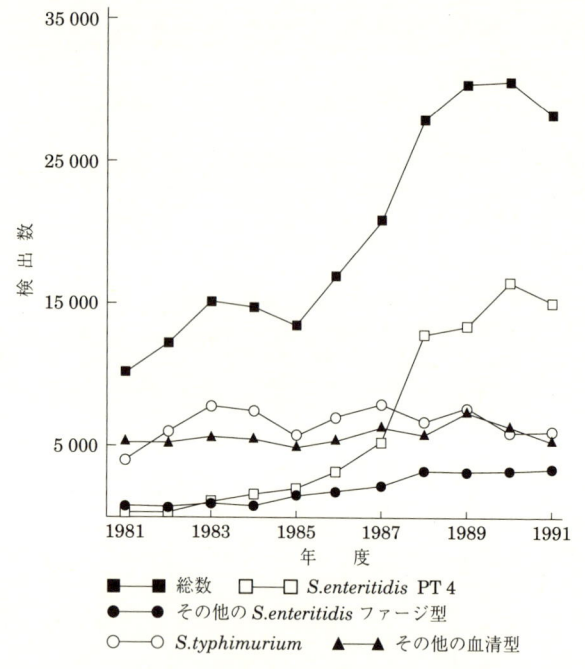

図9.4 イングランド／ウェールズにおける SE の
ヒトからの検出数 (1981〜91)[6]

■—■ 総数　□—□ *S.enteritidis* PT 4
●—● その他の *S.enteritidis* ファージ型
○—○ *S.typhimurium*　▲—▲ その他の血清型

ることに気が付く．

イギリスでは1988年12月，時の厚生次官カリー女史の本件に関する失言があり，その結果同国の鶏卵消費量が半減し，業者の突き上げによってサッチャー首相が罷免するという騒ぎがあった．その失言は以下のようにわずか単語一語の誤りであった[7]．"We do warn people now that most of the egg production in this country, sadly, is now infected with salmonella."という 20 の単語中の egg production を egg farm とすれば正解であった．感染鶏でも 2 カ月に 1 個とか 100 日に 1 個しか SE 汚染卵を産まないのだから，イギリス中のニワトリが全部 SE に感染したとしても，大部分の卵は SE に汚染されるはずがない．

またアメリカの報告[8]では，中毒を起こす原因となった鶏卵は汚卵，破卵，ひび卵といった欠陥のあるものではなく，A 級卵といって普通に正常卵として流通している卵によるものであったという．欧米では液卵，凍結卵，乾燥卵などの加工卵は従前から殺菌することが義務づけられており，サルモネラは陰性になっているので，このような騒ぎになっても液卵をはじめとする加工卵にはまったく影響がなく，かえって殻付き卵より安全なものとして，需要は増えているようである．

9.1.3 わが国における対策

わが国における卵由来 SE 食中毒の急増を憂慮した厚生省では，平成 3 年，学識経験者より成る SE 問題対策委員会を設置し，実態調査や中毒防止対策などを検討した．その結果，平成 5 年 8 月に液卵製造における衛生上の指導要領[9]を各自治体宛に通知した．この中には液卵の製造や保管，流通における注意だけでなく，液卵を使用する側における注意事項も記載されている．その全文を載せるにはあまりに長すぎるので，要点だけを表 9.4 に示す．また，液卵の使用者に対する注意事項の要点を表 9.5 に示す．要は

9. 近年のサルモネラ問題

表 9.4 厚生省通知による液卵製造上の注意（主要部分）

1. 原料卵は食用不適卵を含まない新鮮なものであること．
2. 原料卵は正常卵，破卵，汚卵，軟卵に分けられていること．
3. 原料卵運搬用器具の清浄化．
4. 原料卵の保存は清潔な冷暗所でネズミ，昆虫の入らない所で，かつ他の設備と区別された所で行う．
5. 破卵，汚卵，軟卵は搬後 24 時間以内に割卵するか，8℃ 以下で保存し，72 時間以内に割卵して加熱殺菌する．
6. 正常卵を長時間保存する場合は，8℃ 以下で保存し，できるだけ早く割卵する．
7. 汚卵は必ず洗卵してから割る．
8. 洗浄水の温度は 30℃ 以上で，かつ卵の品温より 5℃ 以上高いこと．
9. 汚卵は専用の洗卵機で洗うか，手洗浄で洗う．洗浄後は 150 ppm 以上の次亜塩素酸ナトリウムに浸すか，スプレーして乾燥後割卵する．
10. 洗卵後のすすぎを行う場合は 150 ppm 以上の次亜塩素酸ナトリウムで行う．すすぎを行った後乾燥させて割卵する．
11. 誤って食用不適卵を割った場合は，直ちに当該卵を除去するとともに，接触した部分を洗浄，消毒，乾燥する．
12. 割卵専用の機械を用い，洗濯機または圧搾式は用いない．
13. 液卵は速やかに 8℃ 以下に冷却する．
14. 殺菌前の液卵を 2 時間以上置く場合は，表-5 の基準に従う．
15. 液卵は原則として殺菌し，殺菌条件は表-6 を参考にする．
16. 殺菌後は直ちに 8℃ 以下に冷却する．
17. 殺菌冷却後二次汚染を避けて充填する．
18. 無殺菌品はやむをえない場合に限る．その場合原料卵は新鮮な正常卵に限る．破卵，汚卵，軟卵は使用不可．
19. 無殺菌品は予め登録された特定ユーザーの注文量に限り生産すること．表示や使用期限も殺菌品とは異なる．

他の食品と同じように鮮度のよい原料の使用，原料の早期使用か冷却保管，工程の洗浄消毒の実施，加熱殺菌の実施，製品の低温保管ということである．また，これまで製品に表示のないものもあったが，指導要領によって表示すべき事項も決められた．

9.1 サルモネラ問題の概況

表9.5 厚生省通知による液卵使用者への衛生上の注意（要点）

---
1. 品質, 鮮度, 表示について検収. 殺菌, 無殺菌の別, 納入業者, 製造者, 納入数量を記録, 保存.
2. 8℃以下に保管, 凍結品は－18℃以下.
3. 凍結卵の解凍は必要量のみを, 飲用適の流水中か, 10℃以下の室内で行う.
4. 調理, 製造の過程で充分な（例：68℃ 3.5分以上）加熱を行う. 充分な加熱を行わない場合は, 殺菌済液卵を使う.
5. 卵焼きなど加熱調理を行った最終加工品は, 細菌数 $10^5/g$ 以下, *E. coli* 陰性, サルモネラ陰性のこと.
6. 最終製品はロットごとに1検体を10℃に保存.
7. 従事者にサルモネラ保菌者が出た場合は, 陰性になるまで食品を扱う作業に従事させない.
8. 製品につき定期的にサルモネラなどの衛生検査を行い, 結果を保存する.

わが国における SE 食中毒でも，液卵によるものは皆無というわけではないが少なく，大部分は殻付き卵を多量に使う場において起こっている．表9.6に近年のサルモネラ中毒の施設別の件数，患者数を昭和63年（1988）以前と平成元年（1989）以降に分けて示す．液卵をあまり使うとは思われない飲食店，仕出し屋，学校などでの中毒が多いことが知られる．このような点，あるいは液卵がすべて殺菌されている欧米での殻付き卵による SE 中毒を考えると，わが国における液卵だけに対する指導で充分とは思われない．

厚生省は GP センターにおける殻付き卵に対する衛生上の指導を平成10年11月25日付で各自治体宛に通知をもって開始した（第9章9.6参照）．この指導には殻付き卵を大量に使う場，すなわち菓子製造業，飲食店，旅館，給食施設などへの注意も含まれている．

9. 近年のサルモネラ問題

表 9.6　1988 年以前と 1989 年以降の原因施設別サルモネラ中毒状況

施　設	1984～1988 の 5 年間		1989～1992 の 4 年間	
	合　計	年平均	合　計	年平均
家　　庭	44/172[a]	9/34	8/422	15/106
事業所	8/198	2/40	34/1764	9/441
学　　校	5/2343	4/469	21/5955	5/1489
病　　院	4/134	1/33	11/507	3/127
旅　　館	39/2263	8/53	67/6468	14/1617
飲食店	175/5838	35/1168	201/7785	50/1946
販売店	7/597	1/119	6/78	2/20
製造所	10/904	2/181	15/2267	4/567
仕出し屋	104/1425	4/223	58/9294	15/2324
その他	22/1115	21/285	107/2178	27/545
計	418/14989	84/2998	578/36718	145/9180

a) 中毒件数／中毒患者数.
(食品衛生研究, 1985～93 各 7 月号より)

9.2　殻付き卵や液卵のサルモネラ汚染状況

9.2.1　殻付き卵のサルモネラ汚染状況

　わが国では殻付き卵のサルモネラ汚染状況を調べた事例は比較的少ない．それは試験が煩雑な上，多くの試料を調べても陽性の出る率が小さく，労多くして功の少ない作業だからであろう．平成 2 年の NHK テレビ（ニュース・トゥディのサルモネラと食中毒という番組）では，中毒事件の原因養鶏場として突き止められた所の卵で 323 個に 1 個，今井ら[10]の調査で 11 000 個に 3 個（うち 2 個が SE），村瀬[11]の調査で 26 400 個に 7 個（うち 6 個が SE）という数値が得られている．中毒原因養鶏場の 0.3% は別として，

通常の殻付き卵では 0.03％といった陽性率とみられる．もちろん，これは試料の採取時期，場所，古い卵か新しい卵か，などによっても大きく異なる．

　殻付き卵の中身のサルモネラ検出試験は，元来は 1 個ずつの卵の中身を 1 検体として行うべきであるが，作業が非常に煩雑になることから，10 個分の卵の中身を混合して，その中から 25 g を採って増菌培地に入れて試験し，陽性ならば 1/10 の陽性率とし，陰性ならば 0/10 の陽性率として表わすのが普通である．したがって，最高でも 10％の陽性率にしかならない．スペインで著者が見たのは，5 個分の中身を混ぜる方法であった．

　アメリカの Gast[12] は殻付き卵中のサルモネラの検出率を上げるには，10 個分の卵の中身を混合して 25～37℃に最低 4 日置くとよいことを報告している．これは初め陽性であっても菌数的に少ない場合，10 個分を混合しただけでは出にくいことがあるが，それを高温に数日置くことによってサルモネラが増菌されて出やすくなるからである．

9.2.2　殻付き卵の中身のサルモネラ汚染の二つの形式

　殻付き卵の中身は産まれたばかりの時点ではほとんど無菌的である．著者らはこれまで数多くの試験を行ったが，大部分は検出限界（10/g）以下であり，まれに 10/g とか 20/g 出たこともあるが，実験誤差の程度であった．しかし，殻表面に存在する細菌が殻の気孔を通って内部に侵入し，それが繁殖して最後には膨大な

9. 近年のサルモネラ問題

菌数になることがある．これは特に洗卵を行った場合に著しい．このような形式の汚染を on egg 型汚染というが，殻上からの菌によって汚染されるからである．古くなった卵の内部に見出される菌の大部分が，この形式の汚染によるものと考えられる．

一方，近年の SE は in egg 型汚染といって，卵がニワトリの胎内で形成される過程で産卵系の器官において汚染を受け，産卵直後でもすでに卵内部に菌がいるという形になっている．この形式の汚染をとりうる菌は SE 以外に 2 種ほどしか知られていない．もちろん in egg 型汚染を起こす菌でも on egg 型汚染をとりうる．その可能性については小林ら[13]や小沼ら[14]がすでに報じている．on egg 型汚染でも in egg 型汚染でも，卵が産まれたばかりの時点では菌数的に極めて少なく，生で食べて差し支えがあるようなものではない．しかし，温度が適当であるとグラム陰性の菌は徐々に増殖してゆく．サルモネラは残念ながらグラム陰性菌であり，卵内で増殖が可能である．

図 9.5[15] は in egg 型汚染した殻付き卵を種々の温度に置いた場合の，SE 数の増加の速度を示すものであるが，37°C ではわずか 1 日で大きな数に達するのに，12°C では同じ菌数に達するのに 45 日も掛かっていることが知られる．

SE で in egg 型の汚染を受けた卵でも，産卵直後では卵 1 個当たり 10 個以下とか 20 個以下の菌数といわれている[16]．ヒトに中毒症状を起こすための SE 菌量は，もちろん人によって異なるが，幼児，老人，病人，免疫欠如者などは別として，通常の人では最低

9.2 殻付き卵や液卵のサルモネラ汚染状況

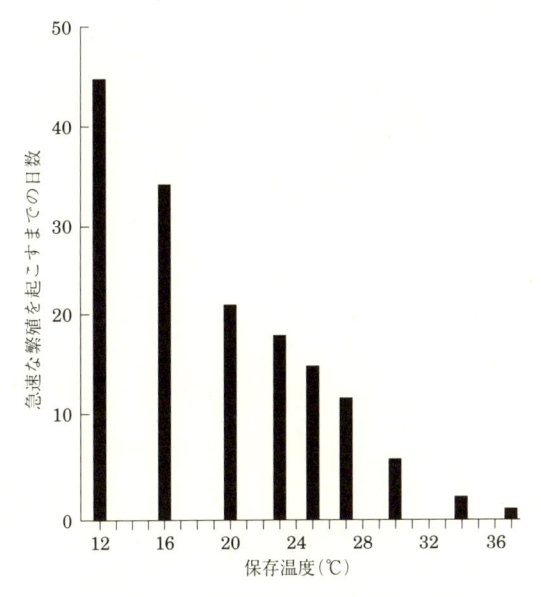

図 9.5 保存温度と卵内容物中の菌数増加との関係[15]

10^5〜10^6 個が必要とされている. したがって SE 汚染を受けた卵でも新鮮であれば, 増殖が起こっておらず, 生で食べても安全である. しかし, 最近では食品の種類によっては, もっと少ない菌量でも発症する例があるといわれている.

仮にわが国の鶏卵が 3 300 個に 1 個の割でサルモネラ汚染を受けているとすれば, 日本人は 1 人当たり年に約 330 個の卵を食べているので, 10 人に 1 人は年に 1 個のサルモネラ汚染卵を食べていることになる. すなわち 1 億 2 000 万人中 1 200 万人が年に 1 回サ

9. 近年のサルモネラ問題

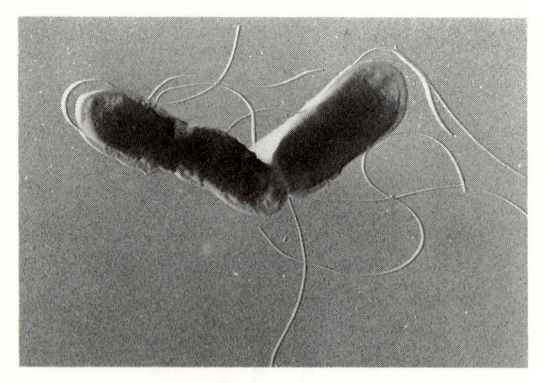

写真 9.1 サルモネラ・エンテリティディス（SE）の電子顕微鏡写真

ルモネラ汚染卵を食べている計算になるが，中毒患者数は最高で年15 000人程度である．したがってサルモネラ汚染卵でも大部分は何らかの安全な形で食べられていることになる．

写真 9.1 に SE の電子顕微鏡写真を示す．

9.2.3 液卵のサルモネラ汚染状況

未殺菌の液卵にサルモネラが検出されることがあったことは第8章に述べた．しかし，サルモネラ陽性が出るのは6～9月という暖かい季節だけであり，寒くなれば自然に陰性になるという状況であった．ところがヒトのSE中毒が急増してきた平成元年から，未殺菌液卵のサルモネラ陽性率にも大きな変化がみられている．すなわち例年なら自然に陰性になる冬場になっても，検出率は低くなるものの全くの陰性とはいえなくなった．そして夏場の陽性率

9.2 殻付き卵や液卵のサルモネラ汚染状況

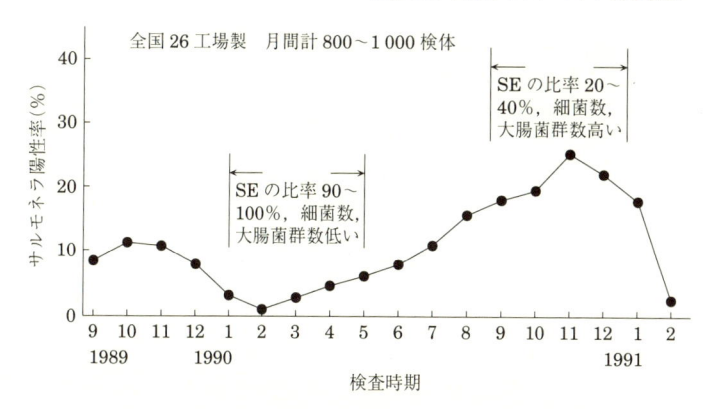

図9.6 近年の未殺菌液全卵のサルモネラ陽性率の例

も従前に比較して,かなり高くなっている.

図9.6に平成元年夏から平成3年2月までの全国26工場の未殺菌液卵のサルモネラ陽性率を示す.冬場は陽性率は低いものの,検出されるサルモネラはほとんどがSEであり,夏場は陽性率が高いがその中に占めるSEの比率は低い傾向にある.以前はサルモネラが陽性のような液卵は,同時に細菌数も高く,大腸菌群も多かったが,近年の冬場の液卵では細菌数が10/gとか20/gのように低いのにSEが陽性という事例が認められる.表9.7に近年多くの研究者が発表した未殺菌液卵のサルモネラ陽性率を示す.

なお,厚生省の指導要領が出た後は,殺菌液卵の比率が増えつつある.

液卵の場合サルモネラの検査は比較的簡単で,採取した試料の25gに225mlの硫酸鉄加緩衝ペプトン水培地を加え,以下常法に

9. 近年のサルモネラ問題

表 9.7 各研究者による近年のわが国の未殺菌液全卵中のサルモネラ陽性率

陽性率[a] (%)	報告者	年度
10/115 (8.7)	仲 西 ら[b]	1991
23/388 (5.9)	潮 田 ら	1992
7/109 (6.4)	小 野 ら	同上
25/250 (10.0)	村 瀬 ら[b]	同上
11/70 (15.7)	大 中 ら	同上
(14.3)[c]	伊 藤	同上
63/400 (15.8)	仲 西[b]	1993
6/47 (12.7)	後 藤 ら	同上
30/86 (38.6)	山 川 ら	同上
7/32 (21.9)	原 田 ら	同上
78/545 (14.3)	村 瀬[b]	同上

a) 陽性検体数/供試検体数.
b) これらの数値は年代ごとに累積されており，最終は最下段の村瀬の数値になっている.
c) 検体数は不明.

従って行えばよく，殻付き卵のように中身を無菌的に取出すという前処理の必要がない．また，試験すれば陽性のものが幾らかは出るので，液卵のサルモネラ検査を行う研究者は殻付き卵の場合に比べて多い．

液卵は工場の規模によっても違うが，数千ないし数万個の殻付き卵の中身が均一に混ぜられたものが1ロットとなる．したがって殻付き卵で数千個に1個が陽性であっても，それを原料として作った液卵は陽性になりやすい．液卵では1検体調べて陽性なら1/1の陽性率で表わされ，陰性なら0/1の陽性率で表わされる．したがって最高100%の陽性率ということもありうる．今井ら[10]が

9.2 殻付き卵や液卵のサルモネラ汚染状況

殻付き卵で0.03%という陽性率を出した頃の未殺菌液卵は7.6%の陽性率であり,村瀬[11]が同じく0.03%という陽性率を出した頃の未殺菌液卵では14.3%という陽性率であった.

ホールと呼ばれる卵黄が丸のままの撹拌してない液全卵があるが,この場合サンプリングは約200g,すなわち4～5個分の中身が採取される形になるため,ホール液全卵におけるサルモネラ陽性率は通常低い.もちろんホール液全卵を作る場合,比較的鮮度のよい卵を選ぶということも影響していることが考えられる.

サルモネラ陽性の未殺菌液卵から検出されるサルモネラの数(最確数)の一例を表9.8[17]に示す.1g当たりに換算して最高では460程度であったが,通常は50以下であり,特に冬場は10以下が大半であった.高い数値の場合は通常夏場のものであり,殻付き卵

表9.8 サルモネラ陽性液卵[a]のサルモネラ最確数[17]

サルモネラ最確数の範囲 (/g)	12～5月製[b]		6～11月製[c]	
	数	%	数	%
<0.03	4	8.7	1	1.4
0.03～1	26	56.5	6	8.7
1～5	11	23.9	7	10.1
5～10	2	4.4	9	13.1
10～50	3	6.5	27	39.1
50～100			10	14.5
100～500			9	13.1
計	46	100.0	69	100.0

a) 未殺菌の全卵,卵黄,卵白およびホール全卵.
b) 平成元年12月から同2年5月まで,最高値は27/g.
c) 平成2年6月から同年11月まで,最高値は460/g.

9. 近年のサルモネラ問題

の内部で大きく増殖したものがあったことが推定される．

このように単にサルモネラの陽性率だけからいうと，液卵の方が殻付き卵より高いため，とかく液卵だけが悪者扱いされるが，実際のサルモネラ中毒は殻付き卵によって起きている事例の方がはるかに多い．もちろん液卵によって起きた事例も皆無ではないが少ない．欧米では液卵は殺菌が義務づけられており，サルモネラはすべて陰性であるにもかかわらず，サルモネラ中毒が流行しており，すべて殻付き卵が原因になっている．液卵に対する対策だけで足りると考えるのは大きな間違いであろう．

欧米ではSE騒ぎが起きてからは，液卵や凍結卵は安全なものとして，むしろ需要が増えている．もちろん，それはすべて殺菌されていてサルモネラが陰性であるという保証があるからである．

殺菌済液卵については，まれにサルモネラが検出されたとの報告もあった．当時はわが国において液卵殺菌が導入されてから日が浅く，現場的にまだ熟練していないことによると思われる．すなわち殺菌機を購入してそれに液卵を通しさえすれば，サルモネラは自然に陰性になるというわけではなく，初菌数，殺菌温度，保持時間，二次汚染の防止，さらには加塩，加糖の有無などによる殺菌条件の変更など，完全に熟練するまでには1年程度は掛かるであろう．その点，輸入の凍結卵では先方が熟練しているため，サルモネラ陽性の報告はない．

9.3 鶏卵の調理,加工と関連のあるサルモネラの性質

わが国には生卵という特有の鶏卵の食べ方があるが,通常は何らかの形で調理,加工されてから人の口に入る.その場合,調理,加工法の良し悪しで,中毒が起きたり起きなかったりすることが考えられる.サルモネラの種々の性質を知っておくことは,サルモネラ食中毒に対する防止策に繋がるものと考えられる.

9.3.1 サルモネラの繁殖温度

表9.9[18]に液卵黄,液全卵,液卵白中における卵由来SEの25,10および5℃における増殖速度を示す.卵黄と全卵ではほぼ同じ傾向を示しているが,わずかに卵黄中の方が早く,25℃では著し

表9.9 各種液卵中における卵由来SEの消長[a) 18)]

液卵の種類	保存温度 (℃)	保存時間					
		0	6	24	48	72	144
全 卵	25	3.8×10^4	2.5×10^5	1.7×10^9	9.6×10^9		
	10			2.9×10^4	2.5×10^4	1.9×10^5	2.1×10^5
	5				1.4×10^4	2.1×10^4	1.9×10^3
卵 黄	25	3.4×10^4	5.0×10^5	2.3×10^9	1.4×10^{10}		
	10			5.3×10^4	3.2×10^4	1.8×10^5	1.4×10^6
	5				7.0×10^3	7.0×10^3	2.2×10^3
卵 白	25	3.9×10^4	8.3×10^4	1.5×10^5	2.9×10^6	1.0×10^7	1.1×10^7
	10			3.7×10^4	2.2×10^4	1.2×10^4	1.0×10^3
	5				7.0×10^3	6.8×10^3	6.0×10^2

a) 数値は液卵1ml当たりのSE数.

9. 近年のサルモネラ問題

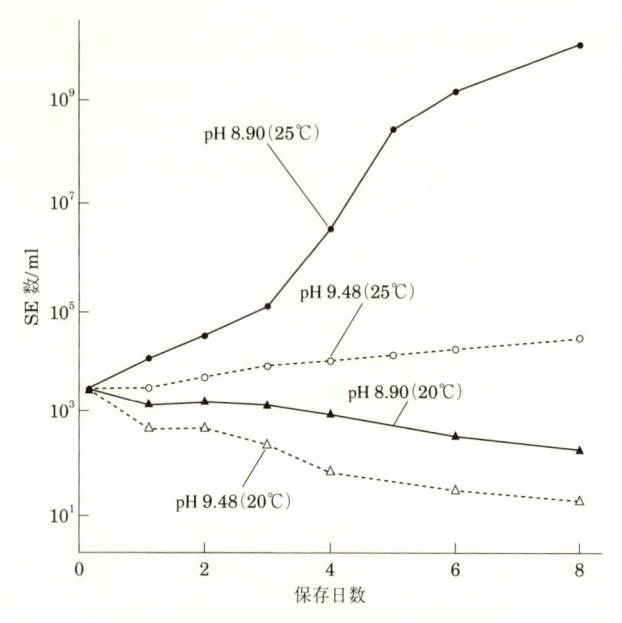

図 9.7 異なる pH の卵白中での SE の消長

く早く増えている．10°Cでも増えているがその速度はかなり遅く，5°Cではまったく増えなかった．一方，卵白中では25°Cでは増えたが，その速度はかなり遅く，10°C，5°Cでは増えなかった．卵白中では25°Cでも増えなかったとの報告[19]もあり，これは実験に使った卵白のpH，すなわち使った殻付き卵の鮮度によるものと思われる．図9.7に種々のpHの卵白中におけるSEの増殖挙動を示すが，pHが高い場合には増殖せず，pHが低目の場合に増えていることが分かる．

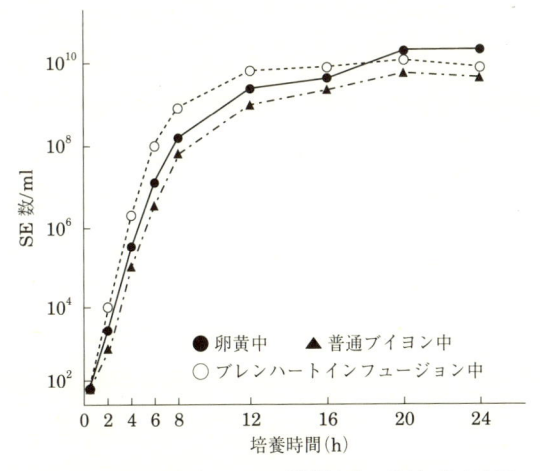

9.3 鶏卵の調理，加工と関連のあるサルモネラの性質

図 9.8 液体培地中での SE 増殖速度の比較（30℃）[20]

著者らは，かつて液卵は栄養分が豊富であり，微生物にとって絶好の培地になるなどと書いたことがある．液卵黄中における SE の増殖速度をブレンハートインフュージョン培地（BHI）という栄養分の非常に豊富な培地中および普通ブイヨンという通常の培地中における増殖速度と比較したものを図 9.8[20] に示すが，図から分かるように，卵黄中では液体培地中とそう変わらない速度で増殖していることが知られる．

厚生省の指導要領には殻付き卵の早期使用か早期冷却とともに，割卵後殺菌までの液卵の冷却の重要性にも触れているが，それはこのような根拠による．

表9.10 SE[a]の発育pH範囲[18]

培地[b]の pH	酢酸または NaOH(%)	SEの発育
10.00	0.106	−
9.75	0.094	+
5.00	0.913	+
4.75	1.318	−

a) 卵由来SE.
b) 0.1%グルコース加普通ブイヨン. 35℃ 2日培養後の発育.

9.3.2 サルモネラの発育pH域

微生物は一般的にあまりに高いpHや低いpHにおいては増殖できない. さらに極端に高いpHや低いpHにおいては死滅の方向に向かう. サルモネラも同様の挙動を示す. 表9.10[18]は普通ブイヨンを水酸化ナトリウムあるいは酢酸でpHを調整した中にSEを接種してその増殖をみた結果を示す. pH 10以上あるいは4.75以下では増殖しなかった. もちろんpH 9.5とか5.3といったところでは, 中性付近のpHに比べて増殖の速度は非常に遅かった. マヨネーズ中でサルモネラが死んでゆくことは多くの研究者が報じているが, 成分中の酢酸によってpHが低くなっているからである. 原料卵にSEを接種してピータンを製造したところ, 途中までは増殖したが, 出来上がってpHが高くなったら死滅したとの報告[21]もある.

後藤ら[22]はリン酸三ナトリウムによる殻付き卵上のSEの消毒効果について報告しており, 適当な濃度, 時間で効果があったとしている. 表9.11に著者らが行ったフマル酸, 酢酸, リン酸三ナトリウム液中におけるSEの死滅試験の結果を示す. このように酸あるいはアルカリの溶液に菌液を加えた場合にはよく死ぬが, 卵殻は炭酸カルシウムで出来ており, 酸はこの炭酸カルシウムと反

9.3 鶏卵の調理，加工と関連のあるサルモネラの性質

表9.11 フマル酸，酢酸，リン酸三ナトリウムの SE に対する殺菌力[a]

	フマル酸		酢酸		リン酸三ナトリウム	
	0.1%	0.3%	1%	3%	1%	2.5%
pH	3.08	2.94	2.72	2.51	12.08	12.36
対照菌数/ml[b]	2.7×10^4	2.7×10^4	5.4×10^5	5.4×10^5	3.0×10^4	3.0×10^4
作用後菌数/ml	<10	<10	1.1×10^5	<10	<10	<10
25 ml 中の存否	−	−	+	+	−	−

a) SE の濃厚懸濁液 0.1 ml を 100 ml の上記液に注加し，120 秒作用させた．菌数は作用液 1 ml 当たりの菌数．
b) SE 懸濁液 0.1 ml を 100 ml の生食水に注加した場合の菌数．

応して中和されてしまう．したがって酸は卵殻の消毒には向かない．

厚生省の指導要領では洗卵後 150 ppm 以上の次亜塩素酸ナトリウムに浸漬するか，スプレーすることを推奨しているが，次亜塩素酸ナトリウムは有機物の存在によって有効塩素濃度が下がるので注意を要する．

9.3.3 サルモネラの耐熱性

第 8 章でサルモネラに対する液卵殺菌の効果について触れたが，近年検出される SE の耐熱性については触れていない．欧米では多くの研究者が近年の SE の耐熱性について発表しており，要約すれば近年検出される SE は普通のサルモネラよりは若干耐熱性が強いようであるが，従来最強といわれた *S. senftenberg* 775 W よりは弱く，アメリカ農務省が約 30 年前に決めた液卵の殺菌条件を変える必要はなさそうだということである．

9. 近年のサルモネラ問題

表 9.12 0〜30％加糖卵黄中の SE 殺菌効果[a) 23)]

試料卵黄	殺菌温度 (°C)[b)]				
	無殺菌	60.0	62.5	65.0	67.5
プレーン	1.5×10^7 (＋)[c)]	＜10 (−)	＜10 (−)	＜10 (−)	＜10 (−)
10％加糖	1.5×10^7 (＋)	＜10 (＋)	＜10 (−)	＜10 (−)	＜10 (−)
20％加糖	1.5×10^7 (＋)	6.6×10^5 (＋)	6.2×10^3 (＋)	＜10 (＋)	＜10 (−)
30％加糖	1.5×10^7 (＋)	6.3×10^5 (＋)	2.8×10^5 (＋)	6.0×10^3 (＋)	1.2×10^2 (＋)

a) 数値は試料 1 g 当たりの SE 数，無殺菌品の菌数は添加菌液の菌数から計算した．
b) 殺菌時間はいずれも 5 分，昇温時間（約 1 分）を含む．
c) （ ）内は試料 1 g 中のサルモネラの存否．

表 9.13 各液卵中におけるファージ型の異なる SE の D 値(分)[a) 17)]

液卵の種類	温度	ファージ型					
		1	3	4	5	8	34
全 卵	D_{60}	0.43	0.44	0.55	0.43	0.44	0.43
	D_{58}	1.08	1.11	1.08	1.24	1.28	1.26
卵 白	$D_{55.5}$	0.80	0.87	0.73	0.57	0.86	0.70
	D_{54}	1.74	1.78	1.24	1.49	1.50	1.78
卵 黄	D_{60}	0.78	0.80	0.60	0.56	0.60	0.55
	D_{58}	1.13	1.27	1.27	1.52	1.60	1.15

a) 計算は達温時の菌数の対数と，最も短い殺菌時間のものの菌数の対数から行った．

表 9.12[23)] に 0〜30％に加糖された卵黄中における近年検出された卵由来 SE の殺菌効果を示すが，プレーン物での効果をみる限りでは，従来のサルモネラと大きな差異はなさそうである．また，表 9.13[17)] に近年わが国で卵由来で検出された 6 種の PT の SE の D

値(その温度で菌数を1/10に減らすための時間(分))を示す.これらの数値は欧米で発表されたSE PT 4に対するD値と大きな差異はなく,未殺菌液卵中に検出されるSEの数からみて,現行の殺菌条件を変える必要はなさそうに思われる.

液卵に食塩や砂糖を加えた場合,菌が死ににくくなることは従来から知られており,厚生省の指導要領でもこのような製品では殺菌条件を上げることを推奨している.一方,卵を含む最終料理(製品)では,いろいろな成分が添加され,サルモネラを殺すに必要な温度と時間条件は製品ごとに異なると思われる.厚生省では液卵の使用者に対する注意として,未殺菌液卵を使用する製品(料理)では,充分な加熱をすることとしており,充分なという例として中心温度が68℃以上3.5分以上保持されることとしていた.

この68℃ 3.5分は最近70℃ 1分に改定された.70℃ 1分は68℃に換算すると3分程度に相当する.

著者らは卵を使用する各種製品(料理)にSEを人工接種して,その製品の実際の工程での加熱に近い条件で加熱し,SEの死滅を調べたが,68℃ 3.5分付近での加熱殺菌効果についてはあまり調べていない.原田ら[24]は,かまぼこにサルモネラを含む卵白を使用して,65℃ 3.5分の加熱を行ったところ死滅したことを報じている.今井ら[25]は卵酒の調製で57℃に昇温したらSEが死んだことを報じたが,純然たる熱によるものか,アルコールの影響もあるかどうかは不明であった.また,アイスクリーム原液やヨーグルト原液を65〜67.5℃ 5分加熱したところ,10^7/mlのSEが陰

性になったこと[23]や,カスタードプリンの加熱において,中心温度が71.4℃に達した時点で添加SEが死滅したこと[26]も報じているが,68℃ 3.5分というのは妥当な条件のように思われる.しかし厳密には,個々の食品(料理)ごとに試験を行ってみるべきであろう.

サルモネラを積極的に殺すという手段で,最も実用的なのはこの加熱という手段であり,液卵に限らず卵を使用して最終製品を作るところでは,個々の製品につきサルモネラが死ぬための加熱条件を,試験によってつかんでおく必要があろう.

9.3.4　サルモネラの増殖水分活性域

一般に微生物は水分活性の高いところでは増殖しやすく,水分活性が低いところでは増殖しにくい.微生物の種類によって発育

表9.14　SE[a]の発育食塩濃度と水分活性[18]

食塩%	SEの発育状況	水分活性
0	＋＋＋	0.996
5	＋	0.976
6	＋	0.971
7	＋	0.962
8	±	0.955
9	－	0.951
10	－	0.942
11	－	0.937
12	－	0.930
13	－	0.925

a)　卵由来SE.

表9.15　SEの発育砂糖濃度と水分活性[a] [20]

砂糖%	SEの発育状況	水分活性
0	＋＋＋	0.999
5	＋＋＋	0.998
10	＋＋＋	0.994
20	＋＋＋	0.987
30	＋＋	0.975
40	＋	0.962
50	－	0.949
60	－	0.935
70	－	0.922

a)　基礎培地は普通ブイヨン,25℃ 7日後.

できるための最低水分活性は異なり，カビ・酵母とか特殊な好塩細菌といわれるようなものは，低い水分活性のところでも繁殖できる．表9.14[18)]に各種％の食塩を加えた普通ブイヨンでのSEの増殖状況を示すが，食塩9％以上（水分活性で0.95以下）では増殖できないことが知られる．また，表9.15[20)]に同様に各種％の砂糖を加えた場合のSEの増殖挙動を示すが，砂糖50％以上（水分活性で0.95以下）では増殖できないことが知られる．

ただし，卵を含む食品で水分活性がこのように低いものは，特殊なものを除いてはなく，また水分活性が低くても菌の増殖を抑えるだけであって，積極的に殺すわけではない．むしろ砂糖や食塩の添加量を下手に低くすると，サルモネラの増殖速度が非常に速くなるということに注意すべきであろう．

9.3.5 サルモネラと乾燥

図9.9[20)]に卵殻上に塗布したSEの室温における減少曲線を示すが，日がたつにつれ減少してゆくことが知られる．これはGPセンターで卵殻表面の拭き取りを行ってサルモネラ検出試験を行った場合と，その卵を試験室に持ち帰って翌日拭き取って検出試験を行った場合では，前者の方がはるかに大きな検出率が出たために行ったものである．このようにSEは乾燥によって死にやすくなるが，鈴木[27)]は製造後1～2年たった乾燥卵からサルモネラを検出している．また細菌を長期に保存する場合，カゼインとか脱脂乳などとともに菌を凍結乾燥させればよいことは常識である．食品工

9. 近年のサルモネラ問題

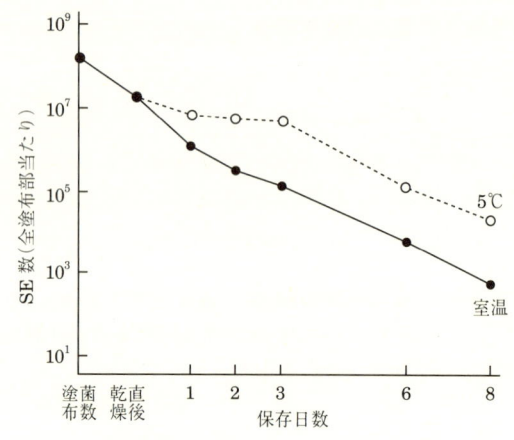

図 9.9 乾燥保存が殻付き卵上の SE の減少に及ぼす
影響[20]

場では通常サルモネラの菌体だけが乾燥されることはなく,食品成分と一緒に乾燥されると考えられるので,乾燥による死滅はあまり考えない方がよい.

9.3.6 サルモネラと凍結

食品は時として凍結されて冷凍食品として保管,販売されることがある.また検査機関の人が試料を採取して,すぐに試験ができずに,試料を数日間凍結保管しておいてから,サルモネラの検出試験に取掛かることがある.

細菌が凍結により死滅したり,あるいは損傷を起こすことはよく知られている.表 9.16[10] は全卵,卵白,卵黄,生食水,蒸留水

9.3 鶏卵の調理, 加工と関連のあるサルモネラの性質

表 9.16 各種卵成分の冷凍保存中における SE[a] の消長[b) 10)]

卵成分	使用培地	保存日数				
		0[c)]	7	14	30	60
全 卵	標準寒天	4.7×10^7	3.5×10^7	1.2×10^7	3.6×10^6	3.8×10^6
	DHL寒天	2.4×10^7	8.2×10^6	2.4×10^6	8.5×10^5	1.5×10^6
卵 白	標準寒天	4.7×10^7	1.8×10^7	8.6×10^6	2.1×10^6	1.3×10^6
	DHL寒天	2.4×10^7	2.5×10^6	1.6×10^6	7.9×10^5	7.5×10^5
卵 黄	標準寒天	4.7×10^7	3.0×10^7	3.0×10^7	2.6×10^6	1.8×10^6
	DHL寒天	2.4×10^7	1.4×10^6	7.3×10^6	8.1×10^5	7.8×10^5
生食水	標準寒天	4.7×10^7	2.1×10^4	1.5×10^4	3.2×10^3	2.4×10^3
	DHL寒天	2.4×10^7	6.9×10^2	5.5×10^2	3.6×10^2	3.3×10^2
蒸留水	標準寒天	4.7×10^7	9.8×10^3	1.0×10^3	5.3×10^2	5.2×10^2
	DHL寒天	2.4×10^7	3.0×10^2	1.6×10^2	6×10	7×10

a) 卵由来 SE.
b) 数値は卵成分 1g 当たりの SE 数.
c) 初日の菌数は接種菌液の菌数から計算.

に SE を接種して−20°Cに保管して, その菌数を標準寒天培地および DHL 寒天培地で測った結果を示す. 卵成分中では 2 カ月の間ほとんど減少せず, また損傷もみられなかった. 一方, 生食水や蒸留水中で凍結された場合, 短期間で大幅な減少がみられ, また損傷もみられた.

塩沢ら[19)] も液卵を凍結保存した場合, その中のサルモネラがほとんど変化しなかったことを報じている. 他の食品が凍結保存された場合, その中のサルモネラがどうなるかは調べていないが, 恐らく通常の食品中でも変化しないものと思われる. ただし, サルモネラにとって条件の悪い食品, 例えば酸が多くて pH の低い食品, あるいは食塩の多い食品などなら死滅の方向に向かうことも考え

られる.

ここでいえることは，液卵をサンプリングして凍結保管後サルモネラの検査を行っても差し支えないということである．また，採取したサンプルが検出試験で陽性と出て，その後凍結保管しておいた同一試料を用いて，サルモネラ数（最確数）を調べることがある．ところが，最確数の方が若干多い試料g数を培養するにもかかわらず，まったく出てこないという場合がある．これは，いずれにしても，もともとサルモネラの数が少ないため，バラツキによって出ないか，あるいは凍結によって極めてわずか減少しても検出限界以下に下がったものとみられる．しかし，サルモネラ陽性の液卵を長期の凍結保管によって陰性にしようなどということは，期待しない方がよい．

9.3.7 サルモネラの薬剤耐性

ここでいう薬剤とは抗生物質のようなものではなく，消毒に使う薬剤のことである．養鶏場，GPセンター，割卵工場，あるいは卵を最終的に加工する工場では，環境や工程の洗浄消毒を行ってサルモネラ汚染を除く必要がある．表9.17[18]は4種の殺菌剤のSEに対する効果を示す．これはそれぞれの薬剤の溶液にSEの濃厚懸濁液の一定量を注加して，1分間作用させた後にそのSE数を測定したものである．結果をみると，薬剤濃度が薄い場合は多少の菌が残るが，通常の使用量では死んでおり，SEは比較的消毒剤に弱いことが分かる．前にも述べたが，次亜塩素酸ナトリウムは有機

表 9.17　SE[a] の 4 種の薬剤に対する耐性[18]

薬　剤　名	使用濃度	使用後の SE の存否[b]
対照（生食水）		$+(2.0\times10^6/\mathrm{ml})$
次亜塩素酸ナトリウム	100 ppm 50 25	− − +
エタノール	50 % 40 30	− − +
塩化ベンザルコニウム	0.1 % 0.05 0.01	− − −
酢　　　酸	10 % 5 2	− − +

a) 卵由来 SE.
b) 薬剤液 50 ml に濃厚菌懸濁液 0.1 ml を添加, 混合, 1 分後にその 0.1 ml を EEM 培地に接種, 以下常法により SE の存否をみる.

物があると効果が減少するので, 卵殻の消毒などの場合注意する必要がある. また, 卵の中身で汚れた状態のところにスプレーしても効果は低い.

9.4　液卵の製造とサルモネラ

9.4.1　原料卵とサルモネラ

液卵製造用の原料卵には, サルモネラ陰性が保証された養鶏場からのみ買う, といったことは言うのはやさしいが実際には難し

9. 近年のサルモネラ問題

いことである．もし割卵工場が一つの養鶏場からだけ原料卵を買っているなら，容易にその養鶏場が汚染されているかどうか分かる．しかし，幾つもの養鶏場や販売業者から購入している場合には，どこの養鶏場の卵が原因で未殺菌液卵が陽性になったかを決定するのはかなり難しい．しかも割卵機が何台もあって，同時に幾つもの養鶏場の卵を割っているような時は特に難しい．

試験を行う場合，朝の最初だけ特定の養鶏場の卵のみを使って，その卵による未殺菌液卵がある程度たまった時点でサンプルを採って試験をすればよい．しかし結果が出るのは試験の4日後であり，多くの供給者について調べるのは容易ではない．著者らは多数の供給者について試験を実施したが，かなり多くのものから陽性が出ている．数多くの鶏卵を処理する場合には，サルモネラ陽性のものが幾らかはあるという前提で作業を行った方がよい．

厚生省の指導要領では汚卵，破卵，軟卵などは正常卵と区別して液卵を製造するようになっている．軟卵は重度の破卵や汚卵と同様，養鶏場で除かれるので正規の割卵工場に入ることはない．厚生省の指導要領では，軽度の欠陥卵は入荷後24時間以内に使うか，8℃以下に置いて72時間以内に使うとなっている．そして殺菌品にのみ使うということになっている．

表9.18に，これら欠陥卵の無洗のものと洗浄済みのものを25℃に保存した場合の中身の細菌数の増加を示す．正常卵に比較してこれらの卵では，確かに中身の細菌数の増加が大きかった．しかし，保存期間が短い間はそう大きな影響はないようであった．こ

表 9.18 25°Cに1および3週間保存した各種鶏卵の中身の菌数分布

保存期間	菌数(/g)の範囲	正常卵 無洗	正常卵 洗卵	微度ひび卵 無洗	微度ひび卵 洗卵	軽度破卵 無洗	軽度破卵 洗卵	汚卵 無洗
1週間	<10	84%	84%	76%	68%	84%	76%	88%
	$10 \sim 10^2$	16	8	16	24	16	22	12
	$10^2 \sim 10^3$		6	8	8		8	
	$10^3 \sim 10^4$		2					
	$10^4 \sim 10^5$						2	
3週間	<10	54	50	60	50	58	28	60
	$10 \sim 10^2$	22	18	24	18	18	6	22
	$10^2 \sim 10^3$	20	16	12	14	20	14	18
	$10^3 \sim 10^4$	4	10	4	12	4	12	
	$10^4 \sim 10^5$		2				6	
	$10^5 \sim 10^6$		2		2		6	
	$10^6 \sim 10^7$		2		2		10	
	$10^7 \sim 10^8$				2		8	
	$>10^8$						10	

れら欠陥卵を洗卵した場合には,中身の汚染は特に大きかった.また正常卵でも洗ったものは,長く置くと中身の汚染が大きくなることが知られる.小沼ら[14]は破卵の方がSEが内部に侵入しやすいという実験結果を得ている.サルモネラの観点からも,細菌数の観点からも,これら欠陥卵は早く使うか冷却保管することが望まれる.

正常卵を長く置く場合は8°C以下で保存することになっているが,正常卵の8°C保存が中身の細菌数に及ぼす影響を表9.19に示す.このように8°Cに置けば無洗のものでも,洗卵済みのものでも中身の菌数の増加は遅れることが知られる.また,途中で室温に出し

9. 近年のサルモネラ問題

表9.19 正常卵の8°C保存が中身の菌数に及ぼす影響[a]

細菌数(/g)の範囲	保存日数									
	15		30				45		60	
	無洗	洗卵	無洗	無洗結露[b]	洗卵	洗卵結露	無洗	洗卵	無洗	洗卵
<10	94 %	92 %	74 %	48 %	56 %	46 %	56 %	40 %	64 %	36 %
$10 \sim 10^2$	6	8	24	32	36	28	38	40	12	20
$10^2 \sim 10^3$			2	20	8	26	6	20	14	28
$10^3 \sim 10^4$									10	10
$10^4 \sim 10^5$										4
$10^5 \sim 10^6$										
$10^6 \sim 10^7$										
$10^7 \sim 10^8$										2
平均菌数[c]	<10	<10	<10	41	21	46	19	89	5.3×10^2	1.6×10^6

a) 産卵後室温(25°C)に3日置いてから8°Cに保存.
b) 8°Cに15日保存後,高温,高湿に2時間置いて結露させ,再度8°Cに戻す.
c) 液卵にした場合の菌数を推定するため算術平均とした.<10は0として計算.

て露が付いても,その後また8°Cに置けば特に影響はない.

9.4.2 洗卵の影響

洗卵は殻上の菌を減らす効果があるにしても,卵の中身にいる菌まで殺すわけではない.また,現在の割卵機の構造では割られた卵の中身が,殻表面に触れないような構造になっている.アメリカでは卵を洗うが,ヨーロッパでは洗わないことになっている.厚生省の指導要領では汚卵は洗うことになっているが,正常卵は洗っても洗わなくてもよいことになっており,洗う場合には種々の注意事項が決められている.

9.4 液卵の製造とサルモネラ

表9.20 割卵前における殻付き卵の洗卵の有無が液卵の細菌数などに及ぼす影響[a) 28)]

	洗 卵 な し			洗 卵 あ り		
	細菌数/g	大腸菌群数/g	サルモネラ/25 g	細菌数/g	大腸菌群数/g	サルモネラ/25 g
最 大	130	<10	—	50	10	—
最 小	<10	<10	—	<10	<10	—
平 均[b)]	11	0	—	10	1	—
有菌率[c)]	6/20	0/20	0/20	8/20	1/20	0/20

a) 12月下旬実施. 産卵1日後の殻付き卵を使用. 洗卵なし, ありとも各20検体を採取して細菌試験に供試. 1検体は約10 kgを1ロットとする液卵から採取.
b) 算術平均. <10は0として計算.
c) 分母は供試検体数, 分子は陽性検体数.

表9.20[28)]に冬場に新鮮卵を無洗で割った場合と, 洗卵してから割った場合の液卵の細菌数などを示す. 両者とも非常に細菌的に優れていたことが知られる. また, 表9.21に夏場普通に配送された卵と特別に手配した新鮮卵を, 無洗および洗卵して割って作った液卵の細菌数などの比較を示す. 洗卵の影響は非常に小さく, それよりも原料卵の鮮度の方がはるかに大きな影響を持っていることが知られる.

鈴木ら[29)]や今井[30)]は, 洗卵した卵と無洗の卵の中身の細菌数を経日的に測定し, どちらも初めの数日は中身が無菌的(10/g以下)であったが, 夏場に長期間置くと洗卵した方は中身の細菌汚染の程度が顕著になってきたこと, 無洗の方は汚染が軽度であったこと, 冷蔵保管したものはいずれも細菌汚染が遅れたことを報じている. したがって, 洗卵によって細菌が卵内に侵入したとしても,

9. 近年のサルモネラ問題

表 9.21 鮮度の異なる殻付き卵で作った液全卵の細菌数，
耐熱菌最確数などの比較（夏場実施）[a]

		新鮮卵使用		鮮度不良卵使用	
		無洗割卵	洗卵実施	無洗割卵	洗卵実施
細菌数/g	最大	110	10	1.4×10^5	1.0×10^5
	最小	30	<10	1.2×10^4	5.5×10^3
	平均	60	<10	7.6×10^4	4.7×10^4
大腸菌群/g	最大	<10	<10	2.0×10^3	6.2×10^2
	最小	<10	<10	4.2×10^2	<10
	平均	<10	<10	1.2×10^3	1.7×10^2
耐熱菌最確数 /100 g	最大	23	23	23	9
	最小	4	<3	9	<3
	平均	11	8.5	16	3.7
セレウス菌最確数 /100 g	最大	9	9	4	4
	最小	4	<3	<3	<3
	平均	6.5	2.5	2	0.8
サルモネラ/25 g		0/15[b]	0/15	0/15	0/15

a) 機械の洗浄消毒は充分行った．平均は算術平均，検出限界以下の数のものは 0 として計算．
b) 分母は供試検体数，分子は陽性検体数．

その時点では菌数的に小さく，その後長く置かずに直ちに割卵すれば，液卵の細菌数に及ぼす影響は小さい．

ヨーロッパで割卵前の洗卵を嫌う理由の一つに，洗卵時の汚い水が割卵時に卵の中身に垂れ落ちて，液卵の菌数を上げることを恐れていることがある．しかし細菌数的にみれば，割卵時の水滴落下による影響は極めて小さいものであろう．

厚生省の指導要領では，洗卵時の洗浄水の透視度を 10 cm 以上に，またすすぎの水の次亜塩素酸ナトリウムの濃度を 150 ppm 以

9.4 液卵の製造とサルモネラ

上に保つこととしている.

9.4.3 割卵とサルモネラ

割卵とサルモネラの関係についてはあまり研究されていない. 割卵時に検出された腐敗卵や異常卵は割卵作業者が除くことになっている. しかし, 細菌の中には殻付き卵の中で大きな数に増えても, 卵の中身に何らの変化も与えないものもあり[31,32], このような卵まで除くことはできない. サルモネラは残念ながら, このように菌数が増えても卵に変化を与えない方に属する.

割卵後の卵の中身は濾過器を通ってチリング(冷却)タンクに送られる. 殺菌まで2時間以上おく場合には, 8°C以下に冷やすことになっている. チリングタンクで冷やすだけでは冷却速度が遅い場合には, 濾過後にプレートクーラーを通して急速に冷やす. プレートクーラーの冷媒は水ではなく, プロピレングリコールなどで-8°C位のものを用いて冷却速度を早めることもある.

9.4.4 液卵の殺菌とサルモネラ

殺菌とサルモネラについても第8章で述べた. 厚生省の指導要領には液卵は殺菌を行うことを原則とし, やむをえない場合のみ無殺菌でよいとなっている. これは今まで, わが国では液卵は法的にまったく野放し状態であり, 無殺菌が主流であったため, 急に殺菌を強制しても実際上無理があるためと思われる. ただし無殺菌品を作る場合には種々の制約が付く. 原料卵は正常卵の新鮮

9. 近年のサルモネラ問題

表 9.22 割卵工場における液卵の殺菌効果例[a) 33)]

液卵	工場	殺菌条件	サルモネラ陽性率	
			殺菌前	殺菌後
全卵	N	60°C 3.5分	33/207[b)]	0/75
	NI	58°C 10分[c)]	55/411	0/54
	HI	58°C 10分[c)]	44/512	0/52
卵黄	Z	60°C 3.5分	28/150	0/20
	T	60°C 3.5分	14/307	0/36
	I	60°C 3.5分	29/90	0/12

a) 殺菌効果を明瞭にするため,殺菌前陽性率の高い工場および時期のデータを選んだ.
b) 分母は供試検体数,分子は陽性検体数.
c) バッチ式殺菌,その他は連続式殺菌.

なものだけであり,製造作業においても殺菌品より衛生に気を配るようになっている.さらに製品には無殺菌品であることの表示とともに,使用上の注意も書くことになっている.使用上の注意とは,最終製品(料理)が中心温度 68°C 3.5分以上加熱されるもののみに使うといったことである.前述したように,これは液卵の使用者に対する注意事項にも挙げられており,製造(調理)の過程で中心温度が 68°C 以上 3.5分以上加熱されない製品には殺菌済液卵を使うということになっている.今回の法改正により 68°C 3.5分は 70°C 1分に変更になり,また正常卵以外の可食卵で未殺菌液卵を製造してもよいことになった.

実験的な殺菌効果についてはすでに述べたので,ここでは実際の製造工場における液卵の殺菌がサルモネラに及ぼす影響について表 9.22[33)] に掲げる.殺菌はサルモネラを殺す効果はあるが,す

べての菌を殺すわけではなく,殺菌品でもチルドまたは凍結して流通させなければならない.

厚生省は平成5年液卵の指導要領に目標微生物基準値を示したが,平成10年11月25日付をもって第7章7.7.3のように改正した.これは業界の実態を反映したものである.

9.4.5 液卵の製造における HACCP

HACCP とは Hazard Analysis Critical Control Point の頭文字を取ったものであり,HA は危害分析,CCP は重要管理点ということである.要は各製品の原料,製造工程などの危険な箇所を解析し,各工程における微生物を殺す,あるいは増殖を抑える処理を認識して,その処理が確実に行われていることを,官能的あるいは物理的,化学的に確認し,確実に行われていない場合の処置も決めておくというものである.製品はその持っている危険要素の数によって危害度を決められるが,液卵,特に無殺菌品は非常に危害度が高い.

著者らが作成した液卵製造における HACCP 表の一例を表9.23に示す.これは工場によって異なるものであり,また字数の関係上簡略化してある.また食品製造業者として常識的なこと,すなわち製造工程の洗浄消毒とか,従業員の服装,手洗いの励行といった類のことは省略してある.これはすべての液卵製造工場に共通のものではなく,原料卵の入荷時の鮮度,機械割りか手割りか,洗卵するかしないか,殺菌するかしないか,工程がどのように機

9. 近年のサルモネラ問題

表 9.23 液卵（凍結卵）の製造工程と HACCP の例（殺菌品の場合）

工程一覧図	危害	CCPの重要度	管理基準（管理事項）	監視／測定	基準に合格しない時の措置
原料卵	入荷までの鮮度低下、中身の細菌数、大腸菌群数、サルモネラ数などの増加		鮮度（鮮度基準：ハウ単位、卵黄係数、気室高など）、外観（外観基準：傷、汚れ、形、異物など）	受入検査、割卵後視覚検査、ハウ単位計による検査、目視検査	再検査、返品、養鶏場への改善要求
保管	保管中の鮮度低下、細菌数などの増加	CCP 2	保管温度、保管日数	保管庫の温度、入庫日の確認	温度調整、早期使用
洗卵	卵内への菌の侵入、汚い水による殻表面の汚染		洗浄水温度（卵温より 5℃以上高い）、次亜塩素酸ナトリウム濃度（200 ppm）、透視度 10 cm 以上	温度計、塩素濃度紙、滴定法、透視度計	蒸気による加温、次亜塩素酸ナトリウムの補充、流水量の増加、水の全交換
割卵	卵殻上の細菌の液卵への移行、腐敗卵などからの細菌汚染		破卵の除去、異常卵の除去、異常卵除去後の機械の洗浄消毒	肉眼、嗅覚、腐敗卵検出器	軽度破卵は手割り、異常卵混入部分の廃棄、異常卵に接触した機器の洗浄消毒
濾過	滞留による菌の増殖	CCP 2	正規のストレーナーの装着	2 時間ごとに交換、異物、網の損傷チェック	損傷の時は新品と交換

— 270 —

9.4 液卵の製造とサルモネラ

工程	危害	CCP	モニタリング	検証	改善措置
貯蔵	不適当な温度、時間による菌数の増加	CCP 2	冷却水温度、液卵品温、保管時間、pH	付属の温度計、時計、pHメーター、試験室での細菌試験	冷却水温の変更、液卵の供給中止、殺菌条件強化、廃棄
殺菌冷却	不適当な条件による菌の生存または二次汚染	CCP 1	社内殺菌条件遵守、殺菌温度、殺菌時間、冷却温度のチェック	付属の温度計、時計、自動記録計の監視、試験室での細菌試験	温度低下時には自動的に再殺菌される 殺菌条件の変更
貯蔵	不適当な温度、時間による菌数増加	CCP 2	冷却水温度、液卵品温、保管時間、pHのチェック	付属の温度計、時計、pHメーター	冷却水温変更、再殺菌または廃棄
充填	時間超過による菌数の増加		充填時間、品温の遵守、充填量の確認	温度計、時計、秤によるチェック	再充填
ラベル貼り			表示事項の確認	品名、製造者、使用期限、殺菌条件、保管法、使用法など	再表示
急速凍結 / 冷却保管	温度不適、積付け不良による菌数増加	CCP 2	冷凍室、急速凍結室の温度記録の確認、積付け状態の確認、8℃以下または−18℃以下 控え試料の保存と検査	温度計、温度記録図のチェック、目視によるチェック、pHメーター、臭い、外観、細菌試験	再積付け、庫内温度の補正 廃棄
凍結保管	温度上昇による腐敗		庫内温度のチェック、積付け状態の確認、先入れ先出しの確認	目視、温度計または自記記録図のチェック	庫内温度補正、廃棄
出荷	温度上昇による菌数上昇	CCP 2	保冷車、冷凍車の温度確認	入出庫温度計、自記温度計、記録計のチェック	出荷延期、他の車の手配

械化されているか, などによって異なる. 各工場ごとにその実態に合わせて, HACCP表を作るべきである.

9.5 個々の最終製品（料理）とサルモネラ

先に近年のわが国における菓子類および卵関連食品によるサルモネラ, 黄色ブドウ球菌, およびその他の菌による食中毒の状況を示したが, 洋生菓子は原料に卵を使う場合が多く, 中毒の原因が卵に起因していることが多い. これ以外に複合食品という項目にも卵が原因の中毒が含まれている可能性がある. 近年のサルモネラ食中毒では, 飲食店, ホテル, 旅館, 給食場など, 多くの殻付き卵をプール（卵の中身を一緒に混ぜる）して使用するような場における中毒が目立つ[34].

卵を使った製品(料理)にはpHが中性付近で, 水分活性も比較

表9.24 卵含有市販総菜類のpH, 水分活性[35]

総菜名	pH	水分活性	総菜名	pH	水分活性
卵豆腐	8.02	0.978	温泉卵[a]	6.70	0.964
茶碗蒸し	7.73	0.980	ポテトサラダ	4.73	0.977
厚焼き卵[a]	7.41	0.966	マカロニサラダ	5.02	0.967
ピータン[b]	10.23	—	卵サラダ[c]	7.11	0.983
はんぺん	6.30	0.962	トロロイモ+卵[c]	6.70	0.976
かに棒	7.84	0.956	納豆+卵[c]	7.40	0.968
焼きかまぼこ	7.21	0.948	カニサラダ[c]	7.11	0.983
蒸しかまぼこ	7.68	0.975	マヨネーズ	4.10	0.932

a) 中心部, b) 揮発成分が多く水分活性測定不能, c) 市販品でなく試作品.

9.5 個々の最終製品(料理)とサルモネラ

表 9.25 卵含有市販菓子類の pH,水分活性[35]

菓 子 類	pH	水分活性
チーズケーキ	4.58〜6.67	0.930〜0.953
ババロア	4.51〜7.04	0.942〜0.968
カスタードクリーム	6.46〜7.29	0.936〜0.973
ティラミス	6.74〜6.83	0.931〜0.941
アイスクリーム	6.46〜7.13	0.947〜0.965
和 菓 子	6.54〜6.76	0.728〜0.849

的高いようなものが多い.表 9.24[35] に卵を使った総菜類の pH および水分活性を示す.概してサルモネラの増殖に好適なものが多いことに気が付くであろう.また,表 9.25[35] には卵を使用した菓子類の pH および水分活性を示す.同様にサルモネラの増殖に好適なものが多い.

SE 問題の解決にはニワトリからの SE 駆逐が根本の対策であることはいうまでもない.しかし欧米の状況をみると,それは現実には難しいことであることが知られる.欧米でも近年は生きているニワトリに対する対策とは別に,卵を使用する側に対する注意を喚起することによる,SE 中毒の防止が叫ばれるようになってきた.Baker ら[36],Humphrey ら[37],Mittishaw ら[38] は比較的早くから卵の調理,加工時の加熱の重要性を説いていた.これを欧米では消費者教育と称しており,最も安い費用で中毒を減らせる手段とみている.わが国では液卵を使う場所においてのみ,厚生省の衛生上の注意が払われるようになっているが,それだけでは不充分で,殻付き卵をまとめて使用する場における注意も必要であ

る．アメリカやカナダのエッグボード（日本における卵業協会のようなもの）では，近年殻付き卵の大量使用者向けの教育パンフレット，小冊子，ビデオ，ポスターなどを作っている．

9.5.1 洋生菓子とサルモネラ
1) ババロア

ババロアは海外でもわが国でもSE中毒の原因食として知られている．わが国では平成元年の東京都の老人ホームにおける中毒がよく知られている．今井らが洋生菓子の教科書[39]にしたがった配合と製法で実験的に作った場合，初めに接種したSEは表9.26[18]のように死滅していた．一方，老人ホームの製法では卵以外の材料を加熱溶解した後，60°Cまで冷やしてから卵を加えて混合し，室温にしばらく置いてから冷蔵庫に入れて冷やしたとある．今井らが試験したところ，この方法では卵は52.6°Cにしか加熱されず，SEの死滅は僅かなものにすぎなかった．冷蔵庫に冷やす時1人前ずつ小分けしたかどうかは記載されていなかったが，もし小分けせず6kgの大容器で冷蔵庫に入れたとしたら，冷却速度は極めて遅く，その間にSEが大きく増殖したであろうことが考えられる．図9.10[40]にこの配合のババロア（老人向けということで砂糖無添加）中におけるSEの増殖

表9.26 ババロア[a]作製中におけるSEの挙動[18]

牛乳温度 (°C)	SE数/g	25g中の存否
無加熱	1.8×10^4	+
90	<10	+
92.5	<10	+
95	<10	−

a) 牛乳500g，他の成分408g．

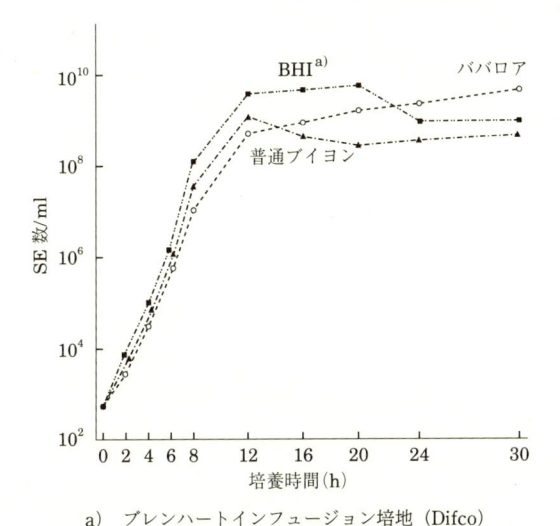

図 9.10 液体培地中とババロア中における SE の増殖速度の比較（30℃）

a) ブレンハートインフュージョン培地（Difco）

速度を，2種の細菌試験用培地中におけるそれと比較したものを示すが，この配合のババロアは培地並みの細菌増殖力があったことが知られる．

2) カスタードクリーム

カスタードクリームによる SE 食中毒も海外，わが国ともに知られている．カスタードクリームには小麦粉やコーンスターチなどのデンプン質が入っており，これらを糊化するに必要な熱をかける必要があり，通常は 90℃以上に上げられる．今井ら[18]の実験の結果では，それよりもはるかに低い温度で SE は死滅しており，カ

9. 近年のサルモネラ問題

表9.27　カスタードクリーム[a)] 調製時における
SE の挙動[18)]

| 加熱温度 | SE 数/g | |
(中心部 °C)	加熱直後	30°C 24時間後
加熱前	7.6×10^5	8.2×10^8
69	<10	<10
75	<10	<10
80	<10	<10
90	<10	<10

a) 牛乳63％，砂糖18.9％，SE懸濁液加全卵13.3％，小麦粉2.4％，コーンスターチ2.4％より成る．

スタードクリームによるサルモネラ中毒は考えられなかった（表9.27）．しかし現実に中毒があるということは，製品が冷えてからの二次汚染か，あるいは先のババロアのように卵以外の他の成分のみを加熱して，それがある程度冷えてから卵を加えたとしか考えられない．

3) アイスクリーム

アイスクリームによる SE 中毒も内外で知られている．わが国の食品衛生法によれば，アイスクリームの配合液は 68°C 30 分以上の加熱殺菌を行うことになっており，仮に卵が SE に汚染されていたとしても死ぬわけである．中毒が起きたというのは，それが守られなかったものと思われる．

先のババロアやカスタードクリームにしても，アイスクリームにしても，中毒を起こしたのは，市販品ではなく，給食関係とか露店のような所であった．したがって，後に述べる自家製マヨネ

9.5 個々の最終製品(料理)とサルモネラ

ーズと同じような何らかの欠陥があったものと思われる.

4) ティラミス

平成2年,わが国で起こった大きなSE中毒の原因食である. これは一般市販品で起きたもので,患者数は大きなものとなった. この製品は卵成分がまったく加熱されない処方になっており,もし原料卵にサルモネラがいれば,そのまま製品に持ち込まれることになる. 今井ら[40]は市販のティラミスにSEを接種してその増殖曲線を取ったことがあるが,室温では相当な速度で増殖することが知られた. このような製品は殺菌済液卵を使用するとともに,低温保管流通で日数を限って販売すべきものであろう.

5) エッグノッグ,ミルクセーキ

これらによるSE中毒も海外では知られている. その場合,市販品ではなく,ホテル,飲食店などでその場で作って供せられるものである. これも卵はまったく加熱されず,もし原料卵に充分な数のSEがいれば,中毒を起こすことになる. これらは新鮮な殻付き卵を使うとともに,一度に多量を作らず,1回ごとにミキサーをよく洗浄して作るべきであろう.

6) カスタードプリン

カスタードプリンによるSE中毒は聞かない. これは牛乳,卵,砂糖,フレーバーなどを混ぜて容器に詰め,蒸気によって内容物が熱凝固を起こすまで加熱するものであり,二次汚染の可能性も少ない. 表9.28[25]にカスタードプリンを種々の時間蒸気加熱した場合の中心温度,凝固の度合い,SE数などを示すが,比較的容易

9. 近年のサルモネラ問題

表 9.28 カスタードプリン[a] の蒸煮条件と SE[b] の挙動[25]

蒸煮時間 (分:秒)	中心温度 (°C)	固まり具合	SE 数/g	SE の存否 /25 g
0:00	14.0	液 状	1.3×10^6	+
0:30	33.9	液 状	8.8×10^4	+
1:00	47.9	液 状	2.7×10^4	+
1:30	71.4	液 状	<10	−
2:00	77.1	周囲 5 mm 固まる	<10	−
3:00	79.0	中心径 20 mm が液状	<10	−
4:00	80.0	全部固まる	<10	−
5:00	82.3	全部固まる	<10	−
7:00	82.8	全部固まる	<10	−
10:00	89.0	全部固まる	<10	−

a) 牛乳,液全卵,砂糖,バニラエッセンスより成る.
b) 未殺菌液全卵由来.

に死滅したことが知られる.

7) スポンジケーキ

スポンジケーキにも卵成分が加えられることが多い.平成4年に佐賀県でスポンジケーキによるサルモネラ中毒が報じられたが,スポンジケーキ自身か上のデコレーションによるものかはっきりしない.これも小麦粉などのデンプン質が糊化するまで高温のオーブンの中で加熱されて出来上がる.高橋[41] によれば,スポンジケーキはオーブン温度 180°C 20 分,ケーキ中心部で 75°C 以上になることを CCP 1(一つの危害を確実に防除できる方法,手段,措置)としてあげている.実際はもっと高い温度,恐らくは 100°C 近くに達しているであろう.表 9.29[26] はスポンジケーキ焼成時にお

9.5 個々の最終製品(料理)とサルモネラ

表 9.29　スポンジケーキ[a)] 焼成時の SE の挙動[26)]

焼成条件	SE 数/g			
	焼成直後		30°C 24 時間後	
焼成前	9.9×10^4	$+$[b)]	———	
160°C 25 分[c)]	<10	$-$	<10	$-$
170°C 30 分	<10	$-$	<10	$-$
180°C 35 分	<10	$-$	<10	$-$

a) Gorman(*Egg Sci. Technol.*)の配合に準拠し,全卵粉と水の代りに相当する液全卵を使用(あらかじめ SE 懸濁液を添加).
b) +,-は 25 g 中の SE の存否を示す.
c) 径 8 in,高さ 2 in の型に 340 g を入れて焼成,オーブン内の温度.

表 9.30　カステラ表面に二次汚染させた SE の消長[a)] (25°C)[26)]

二次汚染媒介物	保存日数					
	0	1	2	3	4	7
水	8.8×10^2	6.2×10^2	6.8×10^2	5.8×10^2	5.0×10^2	5×10
液全卵	9.8×10^2	7.4×10^2	6.2×10^2	5.2×10^2	4.8×10^2	8×10

a) 数値はカステラ 1 g 当たりの SE 数を示す.計算上接種した SE 数は 1×10^3/g となる.カステラは pH 7.00,水分活性 0.885.カステラ 13 g に対して,SE を含む水または液全卵 0.02 ml を表面に汚染させた.

けるSEの挙動を示すものである.約 10^5/g 量を添加した SE は,通常の条件より若干緩い条件でも死滅していた.

またカステラにも卵が使われ,これも焼成の過程でサルモネラは死ぬと考えられる.表 9.30[26)] はカステラの表面に水または液全卵に懸濁させた SE を少量,二次汚染させた場合の SE の消長を示すが,水分活性が低いため増殖しなかった.

表9.31　チーズケーキ中における SE の消長[a) 26)]

保存温度 (℃)	保存時間						
	0	3	6	9	12	24	48
25	2.6×10^2	3.0×10^2	2.6×10^2	4.0×10^2	2.4×10^2	2.5×10^2	2×10
10	2.6×10^2					3.3×10^2	3.0×10^2

a) 数値はチーズケーキ1g中のSE数.

8) チーズケーキ

わが国ではチーズケーキによるサルモネラ中毒はあまり聞かない。チーズケーキには焼いたものと,焼かないものとがあり,卵も原料の一部として使われることが多い。今井ら[26)]の実験では,あらかじめ原料の卵黄と卵白に SE を接種しておき,加熱しないレアチーズケーキのフィリング部分だけを作り,25℃および10℃に置いて SE 数を経時的に測定した。試作品のpHは4.78,水分活性は0.929とサルモネラの増殖にはやや不適なものであったが,表9.31にみられるように両温度とも増殖せず,25℃では若干の減少がみられた。これは配合中のチーズの量が多く,ヨーグルトやレモンなど pH を下げるものが入っていたため,および砂糖の量が多かったためと思われる。ただし,配合が悪ければ増殖の可能性もあろう。

9) スフレ

海外ではスフレも SE 中毒の原因食にあげられている。スフレは卵白を泡立てたものをオーブンで焼いたようなものであるが,210℃という焼成温度でも,中に空気の泡があって熱の伝導が悪いこと,および厚みがあることから,今井ら[26)]の実験では SE は死ににく

かった.

10) ドーナツ

ドーナツにも卵が入ることがある．油で揚げる場合の温度より揚げる時間の方が重要であることが知られている[25]．これはドーナツの場合ある程度の厚みがあり，中心部にまで熱が伝わるのに時間を要するからである．

9.5.2 総菜類とサルモネラ
1) 自家製マヨネーズとサラダ

イギリスの 1988 年の SE 中毒で原因食の判明したものの約半分は自家製マヨネーズ絡みであった[7]．また，スペインのバスク地方 3 県の 1984〜86 年の 3 年間におけるサルモネラ中毒においても卵絡みのものが 90％ であり，自家製マヨネーズによるものが断然 1 位であったことも報じられている[42]．わが国にも自家製マヨネーズによる SE 中毒がしばしば出ている．一方，市販のマヨネーズによるサルモネラ中毒は報じられておらず，自家製のみが問題視されている．

Perales ら[43] はスペインのバスク地方のレストランの自家製マヨネーズの配合を数多く調べ，サルモネラに強い配合はあまりなかったことを報じており，今井ら[44] もわが国の自家製マヨネーズの配合を調べた結果，中で SE が増えるような配合はなかったが，SE の死に方が遅い配合は幾つもあったことを報じている．

市販品では室温で半年以上の賞味期限をクリアーするよう配合,

9. 近年のサルモネラ問題

表9.32 2種のマヨネーズの配合例と特性値[45]

		商業用	飲食店[a]
配 合	食用油%	71.7	88.2
	卵 黄	13.5	9.6
	食 酢	12.5	1.9[b]
	食 塩	1.8	0.2
	調味・香辛料	0.5	0.1
	食酢の酢酸%	5.1	5.4[b]
特性値	pH	4.10	4.75
	水分活性	0.932	0.975
全体中	酢酸%	0.64	0.10
	食塩%	1.78	0.21
水相中	酢酸%	2.26	0.87
	食塩%	6.29	1.78

a) 平成元年,都内でSE中毒を起こした店の配合を参照.
b) 初めの配合は酸度4.5%の食酢を3.8%使用とあり,使用前に沸騰させて半量にしたため上記数値になった.

特に酢や食塩の量に気を配るとともに,使用する卵黄や全卵は殺菌したものを使っている.これはカビ・酵母や乳酸菌などの耐酸性の微生物に対する対策として行っているものであるが,それが同時にサルモネラに対する対策にもなっている.

表9.32[45]に市販マヨネーズと中毒を起こした飲食店の配合や特性を示すが,飲食店の配合のものが酢酸や食塩の%が低く,pHや水分活性が高いことが分かる.これらのマヨネーズに各種PTのSEを接種したところ,30°Cでは市販品は1日で10/g以下になり,飲食店配合では1週間から10日かかった.さらに10°Cでは両者と

も減少速度が遅くなるが,特に飲食店配合では1カ月でようやく1オーダーの減少にすぎなかった.さらにSEがまだ生きているマヨネーズを使って3種のサラダを作って25°Cに置いたところ,SEは急速に増加し,10°Cに置いたものは増加の速度が非常に遅かった[45].

Peralesら[43]は自家製のマヨネーズは高温に1週間ほど置いてから使用することを推奨しているが,それよりは殺菌済みの加塩冷凍卵黄などを使用すべきであろう.このような加塩卵黄は業務用として販売されている.

ドレッシング類にもマヨネーズと同様,卵成分を乳化剤として使っているものがあるが,マヨネーズと同様の注意が必要である.

2) 厚焼き卵

寿司種などに使う厚焼き卵はわが国独特のものであり,欧米では同種のものとしてオムレツなどがあげられよう.これらによるサルモネラ中毒も知られている.厚焼き卵中でサルモネラより耐

表9.33 SE数の減少に及ぼす厚焼き卵焼成の効果[a) 18)]

焼成時の中心温度(°C)	SE数/g	
	焼成直後	30°C 24時間後
焼成前	7.2×10^5	—
60	2.8×10^2	4.3×10^7
65	<10	<10
70	<10	<10

a) 未殺菌液全卵由来のSEを原料液卵に添加して試験.

9. 近年のサルモネラ問題

熱性がやや強い黄色ブドウ球菌が焼成の過程で死ぬことは鈴木ら[46]により報じられているが，表9.33[18]に今井らが行ったSEを用いた実験の結果を示す．中心温度60°Cでは生き残ったが，65°Cでは死滅したことが知られる．一般市販の厚焼き卵では，中心温度85°C程度まで加熱しているのが普通である．それでもサルモネラ中毒があるということは，二次汚染しか考えられない．特に寿司店などでは種々の寿司種と一緒に扱われるので，二次汚染に対する注意が必要であろう．

3) 錦 糸 卵

錦糸卵によるサルモネラ中毒もよく知られている．これも今井ら[18]の実験では焼成の過程で死ぬという結果（表9.34）になっている．錦糸卵では焼成の後に細断という工程があり，そこが二次汚染の源になっていることが多い．二次汚染した菌を殺すために，製品を袋詰めした後に湯中殺菌されることが多い．その場合，袋に詰める量や空気の混入などに気を付けないと，中心部にまで熱

表9.34 SEの死滅に及ぼす錦糸卵焼成条件の影響[a) 18]

焼成温度[b] (°C)	焼成時間[c] (秒)	1枚の重量 (g)	SE数/g	25 g中 の存否
焼成前		17	1.6×10^5	+
160	30	17	<10	−
160	60	55	<10	−
160	30+30	33	<10	−
130	30	35	<10	−

a) 未殺菌全卵液由来のSEを添加して試験．
b) フライパン表面の温度．
c) 片面のみ焼いた時間，30+30は片面30秒ずつ計60秒焼く．

9.5 個々の最終製品（料理）とサルモネラ

表9.35 袋詰錦糸卵の湯中殺菌条件がSE数に及ぼす影響[18]

内容量 (g)	厚さ (cm)	殺菌温度 (℃)	殺菌時間 (分)	SE数/g[a]	25 g中 の存否
1 000	4.0	殺菌前		1.0×10^7	＋
1 000	4.0	80	20	1.9×10^6	＋
500	1.5	80	20	<10	－
1 000	4.0	90	20	3.6×10^4	＋
500	1.5	90	20	<10	－
500	2.0	90	20	<10	－

a) 未殺菌液全卵由来SEの濃厚菌液で汚染させた錦糸卵を製品の中心部に挿入して殺菌し，その部分から約30 gを採って細菌試験を実施．

が届かないことが多い．

表9.35[18]は錦糸卵を種々の方法で袋に詰めて湯中殺菌した場合の，接種SEの死に方を示す．あまり多く袋に詰めると，多少湯の温度を上げても熱の伝わりが悪く，中心部のSEが死なないことが分かる．因みに昭和63年，北海道では錦糸卵を原因とする1件で1万人という中毒事件があり，統計的な視点が狂うため本書に掲げた図表では補正してある．ただし，これはSEではなく，*S*. Typhimuriumであったという．

4) 卵豆腐

卵豆腐による近年のSE中毒は聞いていない．これは全卵にだし汁などを入れ，小型容器に

表9.36 卵豆腐[a]作製中のSEの挙動[24]

加熱条件		SE数/mlまたは 25 g中の存否
℃	分	
無加熱		3.0×10^5
75	35	－
80	35	－
85	35	－
90	35	－
95	35	－

a) 全卵，だし汁，水，食塩，醬油，砂糖，グルタミン酸ソーダ，みりんなどより成る．

詰めてシール後,加熱凝固させたものであり,加熱の段階で死滅すれば二次汚染の可能性は少ない.表9.36[24]は種々の条件で加熱した卵豆腐中における接種SEの挙動を示すが,実際よりかなり緩い条件でも死滅していることが知られる.

5) ゆ で 卵

以下に述べるものの多くは,市販製品というよりは家庭,あるいは食堂などで供せられる料理といった方がよい.ゆで卵によるSE中毒はあまり聞かないが,イギリスでは卵サンドイッチによるSE中毒が報じられている[7].ただし,ゆで卵の部分によるのか,マヨネーズの部分によるのかは明らかでない.

今井ら[18]の実験では,注射器によって卵黄部に接種したSEは95℃(沸騰)7分の加熱で死滅したが,6分より短い場合は生き残った.もちろんこの場合,卵のサイズや卵の温度,すなわち室温か,冷蔵庫から出したばかりかなどによっても左右される.この実験は室温のL玉で水からゆで始め,沸騰しはじめてから時間を測ったものである.初めに水を沸騰させておき,卵を入れてすぐに時間を測った場合には結果は違ってきて,死ににくくなっている.また,ゆでた後に水で冷やさない方が中心部に残留した熱が働いて死にやすくなる.

6) 温 泉 卵

ここでいう温泉卵とは本当の温泉でゆでた卵の意味ではなく,70℃近辺の湯の中で比較的長い時間ゆでた卵で,卵白はドロドロしていて,卵黄が固まっているように見えるものをいい,近年ス

9.5 個々の最終製品（料理）とサルモネラ

表9.37 温泉卵の加熱における SE の消長[18]

加熱条件	SE 数/g	
	加熱直後	10℃ 24時間後
無加熱[a]	2.6×10^5	—
64℃ 23分	<10	<10
66℃ 23分	<10	<10
68℃ 23分	<10	<10

a) 卵由来 SE の濃厚懸濁液 0.5 ml を殻付き卵の中心部（卵黄）に注射.

ーパーなどでも市販されている．表9.37[18]に今井らが行った温泉卵をゆでる過程における接種 SE の挙動を示すが，実際の条件（70℃ 40分程度）よりかなり緩い条件でも死滅していた．これは固ゆで卵に比べてかなり食べやすいものであり，もし旅館などで生卵の提供を恐れるならば，このような形で出せば安全である．ただし，常温保存するとグラム陽性耐熱菌による変敗が起こる恐れがある．

7) 茶碗蒸し

これはカスタードプリンの日本版のようなものである．全卵をだし汁で薄めて種々の具を入れて蓋の付いた茶碗の中に入れ，蒸し器の中で蒸気によって熱凝固させるものであり，二次汚染の可能性は少なく，加熱後すぐに食べることが多い．表9.38[18]に茶碗蒸しの加熱の過程におけ

表9.38 茶碗蒸し[a]の加熱過程における SE[b] の挙動[18]

加熱時間（分）	SE 数/g	25 g 中の存否
加熱前	6.5×10^4	+
5	<10	−
10	<10	−
20	<10	−
30	<10	−

a) 卵31％含有，1人前75gをカップに入れ，沸騰蒸し器に入れて加熱.
b) 未殺菌液全卵由来の SE.

る接種SEの挙動を示すが，5分の加熱でも死んでいた．もちろん蒸し器の中の蒸気の出方にも影響されるが，比較的安全な料理といえる．茶碗蒸しによるSE中毒も聞いたことがない．

8) 目玉焼き

目玉焼きによるSE中毒は欧米でもあり，わが国の平成4年の京都，大阪方面の大型中毒は目玉焼きが原因と報じられた．ただ殻付き卵のサルモネラ汚染率からみて，あれだけ多くの人間が目玉焼きで中毒を起こすかどうか疑問はある．今井ら[18]の実験の結果を図9.11に示すが，この場合，卵黄にSEを注射すると卵黄が崩

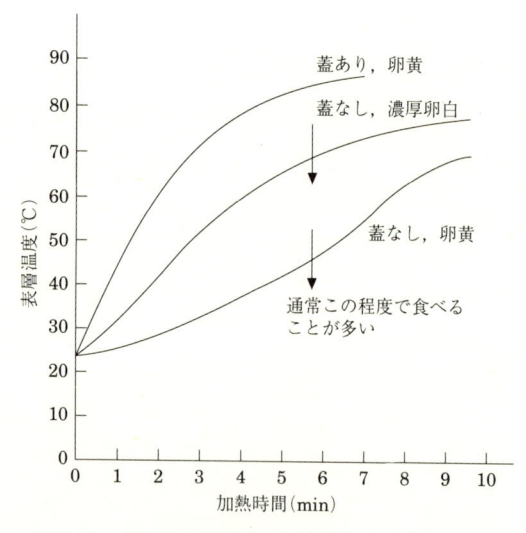

図9.11 目玉焼き焼成時の卵表層部の温度上昇曲線
（フライパン表面は190℃）[18]

れて目玉焼きにならないので,卵黄表面と濃厚卵白表面の温度を測定して,SE の耐熱性から死ぬかどうかを推定した.フライパンに蓋をしないで焼いた場合,著者らが適当と思う焼き方では,濃厚卵白表面の温度は SE が死ぬ程度に上がっていたが,卵黄表面は 40°C 程度で SE を殺すような温度には上がっていなかった.一方,蓋をして同一時間(5.5分)焼いた場合は,卵黄表面も充分 SE が死ぬ程度に昇温していた.

9) スクランブルエッグ

フライパン上でスクランブルエッグを作った際の,添加 SE の挙動を表 9.39[18]に示す.フライパン表面 190°C 1.5 分あるいは 200°C 1 分というのが,通常の加熱条件であったが,それより若干緩い条件でも SE は死滅していた.スクランブルエッグも pH や水分活性がサルモネラの繁殖に好適なものであり,二次汚染があっ

表 9.39 スクランブルエッグ[a] 作製時の SE[b] の挙動[18]

加熱温度[c] (°C)	加熱時間 (分)	SE 数/g	25 g 中の存否
加熱前		3.0×10^5	+
180	1.5	<10	−
190	1.0	<10	−
190	1.5	<10	−
200	1.0	<10	−
210	1.5	<10	−

a) 1人前70g,小型フライパンでかき混ぜながら加熱.
b) 未殺菌液全卵由来の SE.
c) フライパン表面の温度.

9. 近年のサルモネラ問題

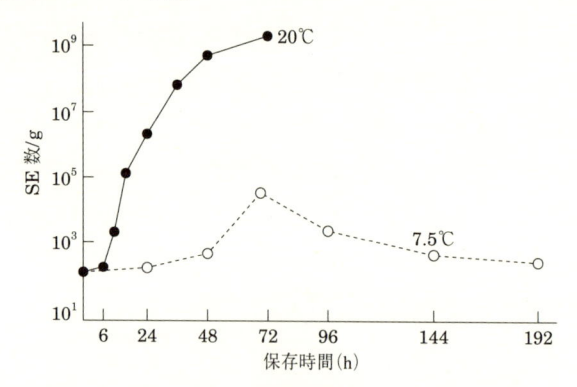

図 9.12 トロロイモ・卵混合物中における SE（未殺菌液全卵由来）の増殖[24]

た場合その繁殖は速い．このような副食は摂食まで 60°C に保管しておくべきであろう．欧米ではスクランブルエッグによる SE 中毒が幾つか知られている．

10) トロロイモ

トロロイモに生卵を混ぜて食べることは家庭でも，飲食店，給食場などでも行われている．図 9.12[24] はトロロイモに生卵と若干の醤油を混ぜたものの中における接種 SE の挙動を示す．20°C という若干低い温度であったにもかかわらず，その増殖速度は非常に速かった．液全卵単独よりむしろ速いくらいであったのは，イモからの糖分が関与しているように思われた．卵を入れたトロロイモによるサルモネラ中毒も時々ある．

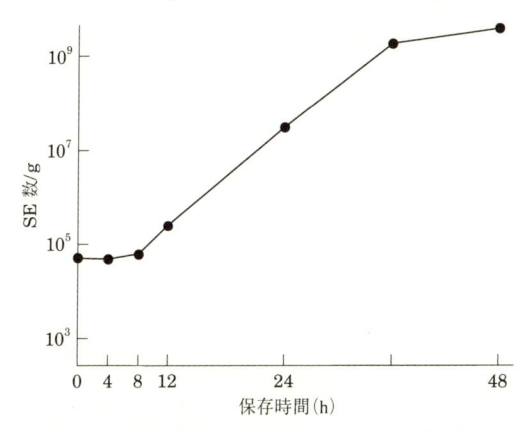

9.5 個々の最終製品（料理）とサルモネラ

図 9.13 納豆・卵混合物中における SE（未殺菌液全卵由来）の増殖[24]

11) 納　豆

納豆にも生卵を入れて混ぜて食べることがある．これも時々サルモネラ中毒の原因となっている．納豆には納豆菌というバチルス属の菌が生きたまま多く存在しているので，サルモネラの増殖を抑えるかもしれないと思って実験してみた．結果は図 9.13[24] に示すが，初め若干繁殖が遅れた程度で後の繁殖速度は他の食品中と同様速かった．

12) フレンチトースト

これも欧米における SE 中毒の原因食の一つになっている．これは生卵と牛乳を混ぜたものに，食パンを浸してフライパンで焼いたもので，ホテルなどでよく供せられる．表 9.40[45] は実験的に SE 汚染させた卵で，フレンチトーストを種々の条件で焼いた場合の

9. 近年のサルモネラ問題

表9.40 フレンチトースト焼成時における SE[a]の挙動[45]

焼成条件[b]	SE 数/g	25 g 中の存否
無焼成	2.1×10^4	＋
147℃ 50秒	1.1×10^4	＋
160　　60	7.6×10^3	＋
177　　60	1.6×10^2	＋
185　　60	<10	＋
200　　80	<10	－
210　　90	<10	－

a) 未殺菌全卵液由来の SE.
b) 温度はフライパン表面の温度，時間は片面を焼いた時間であり，両面を焼いたので実際はこの2倍掛けた．

SE の挙動を示す．厚焼き卵やスクランブルエッグなどに比べて，非常に死に方が悪かった．これは食パンの耳の部分が邪魔して，パンの平面部に熱が伝わりにくかったこと，厚みが厚かったこと，パンに空気が含まれていて熱の伝導が悪かったことなどが考えられる．

また，フレンチトースト用の乳・卵混合液も 10℃なら SE はほとんど増えなかったが，15℃では 24 時間で 100 倍くらいに増えていたので要注意である[45]．

13) ハム，ソーセージ，水産練り製品など

これらにも弾力を与えるため卵，特に卵白が添加物的に少量加えられることがある．畜肉製品には乾燥卵白が使われ，これは殺菌処理を受けているため，サルモネラの心配はない．ハム，ソーセージは食品衛生法で中心温度 63℃ 30 分以上の熱をかけること

9.5 個々の最終製品（料理）とサルモネラ

になっており，サルモネラは死ぬ．水産練り製品も工程で 95℃の湯の中で 45 分程度の熱をかけて，中心は 75℃程度になることから[48]，サルモネラは死滅するはずである．

14) 月見うどん，かつ丼など

これらにも卵が使われ，加熱の程度はあまり強くはない．今井らの実験[24]では，実験室的に無理に殺そうとすれば殺せないこともないが，通常無意識にやれば SE は生き残るという結果であった．また，熱い飯やおかゆでも実験条件(飯の温度，飯と卵の比率，かき混ぜ方など)によっては，SE が死ぬという結果も得られているが，これも無理に殺そうという意思のもとで行った実験であり，普通はそんなにうまくゆかないはずである[23]．

15) 生　　卵

卵を生で食べるのは必ずしもわが国だけの習慣ではない．しかし日本人ほど平気で生卵を食べる国民はいない．その割に生卵による SE 中毒というのは騒ぎになっていない．それは生卵は殻付き卵が1個ずつ1人1人に供せられ，1人が1個の卵を食べるようになっているからである．それと提供する側も生ということで鮮度には気を付けていることもあろう．また，割ってすぐに食べるのが常識であり，割ってから室温に何時間も置くようなことはない．

先にも述べたように殻付き卵のサルモネラ陽性率の 0.03% から推定して，陽性の殻付き卵が必ず食べた人を発症させるとすれば，日本人のサルモネラ中毒患者数は膨大なものになるはずである．しかし実際は，多い年で 15 000 人程度の患者数である．すなわちサ

9. 近年のサルモネラ問題

ルモネラ汚染卵といっても大部分のものは，安全な形で食べられているということである．菌数的にまだ少ないうちに生で食べられる，菌数が増えたものでもよく加熱してから食べられる，あるいは加工卵として殺菌物になるといったことで，それほど中毒を起こしていないものと思われる．

逆に1個の汚染卵でも多くの人を中毒させる場合もありうる．数十個の卵の中身を混ぜて，それに他の原料を混ぜて数十人分の料理を作り，それがよく加熱されておらず，さらに出来上がってから室温に長く置かれたような場合，1個の汚染卵で数十人を中毒させることも可能である．

欧米では卵をプールすることが，SE中毒を助長しているといわれている．ホテルなどでは多人数分の卵料理を一度に作らず，小人数分を何回も作れといっている．生卵の場合，仮に3000人程度が朝飯に一緒に食べたとしても，確率的にはせいぜい1人がサルモネラ汚染卵に当たりつくにすぎない．そのような場合，多分騒ぎになるようなことはないのではなかろうか．それが生卵という一見もっとも危険なような食べ方での中毒が問題となっていない理由であろう．

しかし，先に述べたトロロイモとか納豆などによる中毒は，生卵によるものであり，かつプールされた形になっているので，大勢の人を中毒させ問題になる．これらもプールせずに，トロロイモ1人分に殻付き卵1個，納豆1人分に殻付き卵1個という提供の仕方をすれば，中毒はもっと減ると思われる．

9.6 SE 問題のその後の知見

9.6.1 養鶏場や鶏からの SE 検出報告

平成元年の鶏卵由来 SE 問題発生以来しばらくの間は,養鶏場や鶏から SE が検出されたという報告はほとんどなかったが,最近ようやく報告が見られるようになってきた.太田ら[49]は採卵鶏の廃鶏についてサルモネラ陽性率を調べ,23 養鶏場中 12 養鶏場のニワトリからサルモネラが検出され,うち 3 養鶏場の卵から SE が検出されたこと,これら 3 養鶏場のニワトリの SE 陽性率は 10%,20%,および 40% であったことを報じている.竹内ら[50]は食中毒事件に関連して養鶏場のニワトリの卵管内の卵の卵黄から SE を検出するとともに,従来 on egg 型でしか汚染しないと考えられていた血清型のサルモネラも多数検出し,on egg 型汚染より in egg 型汚染の方が憂慮されることを報告している.食鳥処理場あるいは養鶏場におけるニワトリから高率に SE が検出されたという報告は他にも幾つかあり[51]~[53],10~30% とか 20~40%,時には 100% 近い数値も報ぜられている.小畠ら[54]は市販卵の卵黄中の抗 SE 抗体を調べ,平均で 15.6% が陽性であり,成鶏農場における SE の水平感染の進行を推測している.

9.6.2 液卵の細菌数,大腸菌群数とサルモネラ

表 9.41 は最近著者らが調査した冬場の未殺菌液全卵の細菌数,大腸菌群数とサルモネラの存否の関係を示す.12 工場から採取し

9. 近年のサルモネラ問題

表 9.41　冬場の未殺菌液全卵の細菌数，大腸菌群数と
サルモネラの存否の関係[a]

菌数(/g)の範囲	細菌数		大腸菌群数	
	サ菌[b]陽性群	サ菌陰性群	サ菌陽性群	サ菌陰性群
<10	2　(4.9%)	0　(0.0)	10　(24.4)	44　(33.9)
10〜	1　(2.4)	8　(6.2)	18　(43.9)	46　(35.4)
10^2〜	11　(26.8)	34　(26.2)	6　(14.6)	34　(26.3)
10^3〜	24　(58.5)	78　(60.0)	7*　(17.1)	5　(3.9)
10^4〜	3*　(7.3)	8　(6.2)	0　(0.0)	1　(0.8)
10^5〜	0　(0.0)	2　(1.5)		
$>10^6$	0　(0.0)	0　(0.0)		
計	41	130	41	130

＊ SE 以外の血清型が出たものがある．
a)　12 工場よりの計 171 検体につき，1998 年 1 月，2 月に実施．
b)　サ菌はサルモネラのこと．

た計 171 検体について調べた結果である．細菌数は<10/g ないし 10^4/g にわたっており，大半は 10^2〜10^3/g レベルであったが，サルモネラ陽性群の細菌数は（対数で）3.13±0.96，サルモネラ陰性群では 3.07±0.69 で有意差はみられなかった．ここでは細菌数が g 当たり 10 以下にもかかわらず，サルモネラが陽性というのが 2 検体見出されている．一方細菌数が g 当たり 10^4 以上でもサルモネラ陽性というのが計 10 検体あった．大腸菌群でも g 当たり 10 以下にもかかわらず，サルモネラ陽性が 10 検体もあり，大腸菌群が g 当たり 10^3 以上でもサルモネラ陰性というのが 6 検体あった．この試験で検出されたサルモネラ陽性の 41 検体から検出された血清型は 1 検体以外はすべて SE であった．昔鈴木ら[55]はサルモネラ

陽性の液卵の細菌数は g 当たり 10^5 以上の細菌数のものが多く，g 当たり 10^3 以下のものは検出されなかったことを報じているが，当時とはまったく様変りしている．鈴木らの頃は SE は検出されず，他の血清型のみであった．このことは旧前は on egg 型汚染であり，今の冬場は大部分が in egg 型汚染であることを示していると思われる．なぜならば on egg 型汚染であれば殻上の菌叢からみて，SE が 1 個侵入するには，それよりはるかに膨大な数の他の細菌が侵入するからである．大腸菌群もこのような状況では汚染指標菌としての役目を果たしていない．

一方夏場のデータはまだ整理していないが，細菌数も大腸菌群数も全般に高くなり，サルモネラ陽性率も上っているが，全サルモネラに占める SE 以外の血清型の比率も高く，SE のみの検出％としては冬場とさほど変わっていない．夏場についていえば，サルモネラ陽性のものが細菌数，大腸菌群数ともに大きい傾向がみられた．これは夏場は SE 以外の血清型の on egg 型汚染があるためと思われる．

9.6.3 SE の卵内への侵入

サルモネラが殻付卵の内部に侵入することについては昔海外で多くの実験例が報告された．近年わが国でも SE について卵内への侵入性が報告されるようになった．小林ら[56]は SE をハトの糞に混合して鶏卵表面に塗布したところ内部に侵入したことを報じ，梅迫[57]は SE 汚染水に鶏卵を浸漬しても乾燥後 8℃以下に置けば侵入

9. 近年のサルモネラ問題

は認められなかったと報じ，また小沼ら[58]は卵の温度より SE 汚染液の温度が低い場合には正常卵でも内部に SE が侵入すること，ひび卵や破卵ではさらに早く侵入したと報じている．これらはいずれも SE を糞や水と混ぜたものを塗布したり，その中に浸漬して強制的に侵入させようとした実験である．

表 9.42[59]は著者らが平成 2 年春に行った実験の結果であるが，対象群のニワトリに正常な餌を，試験群のニワトリには人工的に SE 汚染させた餌を与えて産まれた卵を常温保管して 1 週間ごとにまとめて研究所に送って殻表面および卵内部の SE 移行状況を調べたものである．これを見ると試験群では殻表面や鶏糞には第 1 週にすでに SE が検出されているが，卵内部では第 5 週を終わるまでまったく検出されなかった．週の初日に産まれた卵は輸送日数な

表 9.42　SE 人工汚染させた餌の投与による卵への SE の移行[a) 59]

鶏卵採取週	卵内の SE 陽性率		殻表面の SE 陽性率		鶏糞の SE 陽性率	
	正常餌群	汚染餌群	正常餌群	汚染餌群	正常餌群	汚染餌群
第 1 週[b]	0/32(0%)	0/32(0%)	0/32(0%)	10/32(31%)	0/4(0%)	2/4(50%)
第 2 週	0/38(0%)	0/37(0%)	0/38(0%)	23/37(62%)	0/4(0%)	3/4(75%)
第 3 週	0/30(0%)	0/28(0%)	0/30(0%)	17/28(61%)	0/4(0%)	3/4(75%)
第 4 週[c]	0/35(0%)	0/34(0%)	0/35(0%)	21/34(62%)	0/4(0%)	3/4(75%)
第 5 週	0/34(0%)	0/34(0%)	0/34(9%)	24/34(71%)	0/4(0%)	3/4(75%)
計	0/169(0%)	0/165(0%)	0/169(0%)	95/165(56%)	0/20(0%)	14/20(70%)

a) 餌には g 当たり $1.6-2.4 \times 10^4$ の SE を人工汚染させた．各群とも 8 羽ずつのニワトリを供試．毎日採卵して常温保管し，1 週間分ずつをまとめて研究所に輸送．破卵などは除外した．3 月下旬から 4 月下旬まで．
b) 第 1 週は 6 日分．
c) 第 4 週の卵は研究所内で 30℃ 4 日間保存後試験した．

ども含めて9日後に中身のSE検出試験を行ったわけであるが、それでも検出されなかった。第4週の卵は研究所到着後30℃に4日程度保管してから検出試験を行ったのであるが、それでも検出されなかった。この試験では破卵などは除外して行ったが、それにしてもSEのon egg型汚染というのは簡単に起こりそうには思えなかった。この試験はSE問題発生の初期に、海外の事情も知らずに単に餌の汚染が原因ではないかと思って行ったものである。SE感染ニワトリでも60日とか100日に1個しかSE汚染卵を産まないことを知ったのは、この実験が終わった後である。しかしon egg型汚染がそう簡単に起こらないという結果を得るには役立った。

青森県の割卵工場で、冬場(8℃以下)でも未殺菌液卵中からSEがしばしば検出されるが、これらはin egg型汚染によるものと思われる。

9.7 SE問題に対する厚生省の最近の動き

平成5年厚生省では、液卵製造施設（一部液卵の使用施設を含む）に対する衛生上の指導要領を各自治体宛に通知した。この時同時に殻付卵に対する指導要領も検討されたが、業界との調整がうまく行かず立ち消えになった。しかしその後もSE食中毒はいっこうに衰えず、特に病原大腸菌O157が大きな問題となった平成8年ですら、中毒件数、患者数ともサルモネラの方が大きく上回っていたことから、厚生省は食品衛生調査会に改めて本問題の調査、

9. 近年のサルモネラ問題

検討を依頼した．その結果が平成 10 年春にまとまったが，サルモネラ陽性率の高い液卵に起因する食中毒はわずかであり，大半は殻付卵によるものであることが分かった．したがって従来の液卵に加え，農場から食卓までの各段階での殻付卵対策も盛り込む必要があることが分かった．

これらの調査結果を踏まえた厚生省では平成 10 年春ごろより業界への PR に乗り出し[60,61]，平成 10 年 11 月 25 日付で食品衛生法の改正をもって，鶏卵由来のサルモネラ食中毒撲滅に乗り出すことを各自治体に通知した．その概要を著者らの一人が要約したもの[62]を以下に掲げる．

平成 5 年の指導要領は液卵の製造および使用のみについての指導であったが，今回は養鶏場から消費者までの各段階について指導が行われる．殻付卵には SE が存在する可能性があるという前提で，たとえ存在しても人の口に入るまでのどこかの段階で死滅させるか，中毒を起こさないようなわずかな菌数の段階での摂取を意図したものである．

養鶏場では SE フリー雛の導入，環境の清浄化，SE フリー飼料の投与，SE ワクチンの接種，破卵など食用不適卵の排除などが対策となる．これらは厚生省から農水省への依頼という形になる．GP センターでは正常卵のみの出荷，すなわち破卵など食用不適卵の排除，衛生管理マニュアル[61]の遵守，品質保持期限の表示，生食用であることの表示，購入後冷蔵することが望ましい旨の表示などである．ひび卵，軽度破卵などは新鮮な時から加熱用という表示になる．生食用で表示期限を超えたものは加熱用になる．また SE 食中毒が起きた

9.7 SE 問題に対する厚生省の最近の動き

場合,原因養鶏場にまで遡及調査できるよう養鶏場名または GP センター名および所在地を表示する.

液卵の製造および使用工場については従来の指導要領と大きくは変わらないが,微生物規格が無殺菌品では細菌数が g 当たり 10^6 以下,殺菌品ではサルモネラが 25 g 中陰性と決まった.また無殺菌品の使用者に対する最終製品加工の過程における加熱の条件が,従来の 68°C 3.5 分以上から 70°C 1 分以上に変更になった.

また殻付卵の小売店などでも表示期限内で販売すること,望むらくは冷蔵状態で販売することなどが対策となっている.また殻付卵をまとめて使用する菓子製造業などは,従来規制がなかったものが製造工程における確実な加熱殺菌の実施,表示期限内での使用,二次汚染の防止,最終製品の冷蔵(冷凍)保管などが提示された.これは菓子製造業に限らず,総菜製造業,飲食店,旅館,各種給食施設などでも同様である.しかし製品(料理)の種類によっては,十分な加熱を行えないものもある.その場合殺菌済液卵あるいは生食用の殻付卵を使用して,製造(調理)後早目に摂食させることになる.

また家庭における注意点というのもあげられている.殻付卵の表示期限内での使用,および冷蔵保管,家庭での鶏卵取り扱いマニュアル[61]の遵守,卵使用料理の速やかな喫食,および生食用卵といえどもハイリスクグループ(乳幼児,老人,病人,免疫欠除者)に生卵を摂食させないこと,および卵を含む最終製品の速やかな喫食などである.

以上が厚生省の示す対策の概要であるが,著者らの危惧する点はやはり生あるいは中途半端な加熱での鶏卵を含む料理の喫食で

ある.殺菌液卵の使用といっても,液卵は配送上の問題から大手の食品製造業者にしか供給できず,また液卵では作れない料理もあるため,飲食店,旅館,給食施設などは生食用の殻付卵を使用することになる.生食用といっても SE フリーを意味するものでなく,中毒を起こさない程度の菌数の SE を含む場合もある可能性を考えれば,調理後の早目の喫食が極めて重要である.10年ほど前のアメリカでA級卵(わが国の一級卵,スーパーで普通に売られている正常卵)による SE 食中毒が問題になったこと[63]を思い起こすべきであろう.

また殺菌済液卵でも SE は死んでいても,耐熱性の微生物は生存しているので,液卵の状態および最終製品の状態での取り扱いに十分な注意が必要である.殺菌済液卵あるいは生食用卵なら,あとは何をやっても構わないということがあってはならない.

なお殻付卵の期限表示に関して,都会地のスーパーなどでは大部分が賞味期限,あるいは賞味期限と産卵日ないしはパック日と併記の形で実施されている.これらの施策が軌道に乗って SE 食中毒が大きく減少することを期待したい.

9.8 ま と め

平成元年,突如わが国を襲った SE は,その後も衰えることなく猛威をふるっている.サルモネラ中毒は夏から秋にかけて多く発生し,冬から春の初めにかけてはあまり起きない.騒がれるのは

初夏から晩秋にかけてであり，ある時期になると一見終息したようにみえる．これも対策が年間を通じて維持しにくい原因になっているのであろう．

根本的な対策は生きているニワトリからSEを駆逐することであるが，欧米の状況から見て，それは今のところ簡単なことではな

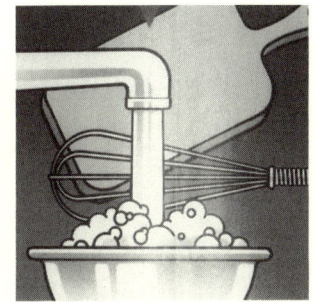

殻付き卵は4℃以下に保管　　　器具類は使用の前後によく洗浄

写真9.2　カナダのエッグボードのシール（その1）

卵料理は小分けにして4℃以下に　　卵料理は60℃以上に加熱

写真9.3　カナダのエッグボードのシール（その2）

9. 近年のサルモネラ問題

写真9.4 アメリカのエッグボードのビデオの一場面

い．それまでは仮に卵にサルモネラがいても，実際の中毒を起こさないような対策が必要であろう．厚生省が出した液卵製造上の衛生指導要領もその一つであるが，その中には液卵の使用者に対する注意も含まれている．欧米では液卵はすべて殺菌されていて，サルモネラは陰性であるにもかかわらず，サルモネラ中毒は多い．欧米では殻付き卵を多量に使う場における卵の使い方に対する注意が喚起されている．

　今後は殻付き卵を多量に使用する施設への，鶏卵使用上の注意を正しくPRする必要があろう．

　参考までに写真9.2および9.3にカナダのエッグボードの卵使用上の注意のシールを，写真9.4にアメリカのエッグボードが作ったビデオの一場面を掲げておく．

　なお，今回の法改正については，最近厚生省の担当官が雑誌[64,65]

に詳述しておられるので参照されたい.

文　献

1) 中村明子, モダンメディア, **40**, 301 (1994).
2) 市原　譲, 鶏病研報, **27**, 増刊号, 7 (1991).
3) Rodrigue, D.C. *et al.*, *Epidemiol. Infect.*, **105**, 21 (1990).
4) Anon., *Der Spiegel*, Nr. 6/47, 164 (1993).
5) 今井忠平, 栗原健志, 畜産新時代, **26**, 8 (1994).
6) PHLS-SVS, Update Salmonella Infection, ed. 10, 1 (1992).
7) North, R., Gorman, T., "Chickengate", p. 1, IEA Health and Welfare Unit (1990).
8) St. Louis M.E. *et al.*, *JAMA*, **259**, 2103 (1988).
9) 厚生省生活衛生局通知, 液卵の製造等に係る衛生確保について, 厚生省生活衛生局 (1993).
10) 今井忠平ほか, 鶏病研報, **28**, 177 (1993).
11) 村瀬　稔, 食品と微生物, **10**, 181 (1994).
12) Gast, R.K., *Food Protec.*, **56**, 21 (1993).
13) 小林一寛ほか, 大阪府立公衛研所報, 公衆衛生編, No. 21, 21 (1988).
14) 小沼博隆, 品川邦汎, 食品衛生研究, **43**, 49 (1993).
15) Humphrey, T.J., 5 th European Symposium on the Quality of Eggs and Egg Products, p. 29 (1993).
16) Humphrey, T.J. *et al.*, *Epidemiol. Infect.*, **103**, 415 (1989).
17) 今井忠平ほか, ニューフードインダストリー, **35**, (3), 33 (1993).
18) 今井忠平, 中丸悦子, 油脂, **43**, (3), 62 (1990).
19) 塩沢寛治ほか, 食品と微生物, **5**, 113 (1988).
20) 今井忠平, 栗原健志, ガトー, **497**, 68 (1993).
21) Meng, Y.C. *et al.*, *Mittelsblatt der Bundesams. für Fleischfors. Kulmb.*, **107**, 38 (1990).

22) 後藤公吉ほか,第15回日本食品微生物学会講演要旨集, p. 26 (1994).
23) 今井忠平, 栗原健志, ニューフードインダストリー, **34**, (2), 51 (1992).
24) 原田哲夫ほか, 食品衛生研究, **43**, (9), 47 (1994).
25) 今井忠平, 中丸悦子, 油脂, **43**, (9), 62 (1990).
26) 今井忠平, 武田典子, ガトー, **499**, 34 (1993).
27) 鈴木 昭, モダンメディア, **12**, 450 (1966).
28) 今井忠平, 養鶏の友, **383**, 57 (1994).
29) 鈴木 昭ほか, 食衛誌, **20**, 247 (1987).
30) 今井忠平, "鶏卵の知識", 食品化学新聞社 (1983).
31) Imai, C., Saito, J., *Poultry Sci.*, **62**, 331 (1983).
32) Imai, C., Saito, J., *Ibid.*, **64**, 1891 (1985).
33) 今井忠平, 養鶏の友, **384**, 31 (1994).
34) 今井忠平, 栗原健志, ガトー, **496**, 34 (1993).
35) 今井忠平, 食品衛生研究, **44**, (7), 7 (1994).
36) Baker, R.C. *et al.*, *Poultry Sci.*, **62**, 1211 (1983).
37) Humphrey, T.J. *et al.*, *Epidemiol. Infect.*, **103**, 35 (1989).
38) Mittishaw, J., Stubbs, M., *Nutr. Sci.*, No.118, 6 (1989).
39) 五十嵐敏夫, "洋菓子製法大全集", 下巻, 沼田書店 (1975).
40) 今井忠平, 武田典子, ガトー, **498**, 61 (1993).
41) 高橋利弘(河端, 春田編), 生菓子類, "HACCPこれからの食品工場の自主衛生管理", 中央法規出版 (1992).
42) Perales, I. *et al.*, *Enf. Infec. Microbiol. Clin.*, **7**, 525 (1989).
43) Perales, I., Garcia, M.I., *Let. Appl. Microbiol.*, **10**, 19 (1990).
44) 今井忠平, 稲葉弥生, ニューフードインダストリー, **33**, (1), 70 (1991).
45) 栗原健志ほか, 日食微誌, **11**, 35 (1994).
46) 鈴木 昭ほか, 食衛誌, **23**, 45 (1982).
47) 今井忠平ほか, ニューフードインダストリー, **36**, (2), 57 (1994).

文　献

48) 三宅義章（河端，春田編），かまぼこ類，魚肉ハム・ソーセージ類，"HACCP これからの食品工場の自主衛生管理"，中央法規出版（1992）.
49) 太田宏一ほか，鶏病研報，**29**, 81 (1993).
50) 竹内正子ほか，食品衛生研究，**48**, (10), 59 (1998).
51) 新潟県食肉センター，鶏の研究，**72**, (10), 50 (1997).
52) 三重県中勢家畜保健衛生所，同上，**72**, (10), 54 (1997).
53) 岡山県真庭家畜保健衛生所，同上，**72**, (10), 57 (1997).
54) 小畠理恵子ほか，第15回日本食品微生物学会講演要旨集，p. 30 (1994).
55) 鈴木　昭ほか，食衛誌，**22**, 223 (1981).
56) 小林一寛ほか，大阪府公衛研報，**21**, 21 (1981)
57) 梅迫誠一，第14回日本食品微生物学会講演要旨集，p. 12 (1993).
58) 小沼博隆，品川邦汎，モダンメディア，**40**, 315 (1994).
59) 今井忠平，平田玲時，未発表.
60) 桑崎俊昭，卵によるサルモネラ食中毒の発生防止に関する報告，第6回アジア太平洋家禽会議展示会　特別講演テキストブック, p. 43 (1998).
61) 食品衛生調査会，鶏の研究，**73**, (4), 37 (1998).
62) 栗原健志，"食品危害微生物ハンドブック（清水　潮ほか編）"，p. 68，サイエンスフォーラム（1998）.
63) St. Louis, M. E. *et al., J. Amer. Med. Assoc.,* **259**, 2103 (1988).
64) 梅田浩史，食品衛生研究，**49**, (3), 9 (1999).
65) 梅田浩史，同上，**49**, (4), 71 (1999).

索　引

ア　行

アイスクリーム　　112, 120, 276
赤　玉　　45
Acinetobacter carcoaceticus　　218
厚焼き卵　　283
Advocaat　　130
アビジン　　56, 146, 160
アミノ酸　　53, 56
アミノ酸組成　　53
アメリカ農務省　　173, 178
アルカリ凝固性　　111
アルコール製剤　　139
　――の殺菌効果　　140
Alcaligenes　　218
　――*faecalis*　　218
泡　　114
　――の硬さ　　115
泡立ち→起泡性
安息香酸　　103

硫　黄　　124
イオン交換ゲル法
　アビジンの製造　　147
　リゾチームの製造　　135
EC 規格（卵製品の）　　183

一次加工　　51, 86
　――の現況　　86
　――の原料　　88
　――の工場　　89
　――の設備　　90
一次加工卵　　86
　――の種類　　88
　――の用途　　88
一級卵　　302
一般衛生管理事項　　220, 223
一般生菌数　　101, 121
医　薬　　132, 141, 145
in egg 型汚染　　242, 295, 297, 299
飲食店　　301

ウイルス　　155, 156
ウェルシュ菌（*Clostridium perfringens*）　　148, 212

衛生管理マニュアル　　300
栄養細胞　　211
A 級卵　　302
液全卵　　88, 106, 111
液戻り　　114
液　卵

― 308 ―

索 引

――中の微生物（細菌） 169, 172, 245
――中の卵殻混入 100
――の菌叢 174
――の殺菌 188, 195, 199
――の充填 101
――の製造 92
――の製造とサルモネラ 261
――の貯蔵温度 173
――の貯蔵時間 173
――の微生物規格 20
――の目標微生物基準値 269
液卵黄 111
液卵白 106
SIM 半流動寒天 187
SE → *Salmonella* Enteritidis
XLD 寒天培地 187
エッグノッグ 130, 277
エッグボード 274, 303, 304
Egg yolk emulsion 150
HACCP 211, 225
　液卵製造の―― 269
　卵含有食品の―― 213
NGKG 寒天 148, 150
FAO/WHO 102, 178
LIM 半流動寒天 187
Erwinia 152
エルシニア（*Yersinia enterocolitica*） 201, 203, 218
エロモナス（*Aeromonas*） 77, 204, 217, 218

Aeromonas hydrophila 204, 218
塩化リゾチーム 141
塩析法（リゾチームの製造） 135
エンゼルケーキ 128
エンテロトキシン 196, 204
　――型 212

黄色ブドウ球菌 141, 148, 150, 171, 187, 196, 211, 214～216, 221, 224
　液卵中の―― 198
　殻表面の―― 197
黄色卵黄 48
O 多価血清 187
O 1 多価血清 187
大 玉 71
オーバーラン（アイスクリーム） 121
オキシダーゼ（陽性） 204
汚染餌群 298
汚染指標菌 216, 217, 297
おにぎり 207
オボアルブミン 56, 112
オボムコイド 56, 159
オボムシン 44, 48, 56
汚 卵 217, 262
オレイン酸 54, 143
on egg 型汚染 242, 295, 297, 299
温泉卵 113, 286
温度履歴 221

索 引

カ 行

外観検査 18
外水様卵白 47
解 凍 178
加 塩 102, 188
　——と冷凍卵 180
加塩冷凍卵黄 116
化学的危害 222, 223
価格変動 22
価格補てん制度 26
各種給食施設 301
加工卵 13
　——の生産量 15
　——の販売動向 15
　——の流通動向 13
加工卵規格 18
菓子製造業 301
カスタードクリーム 224, 275
カスタードプリン 256, 277
カステラ 128, 279
褐色卵 45
かつ丼 293
褐 変 107
割 卵 98
　——とサルモネラ 267
割卵機 98
割卵検査 18
加 糖 102, 188
　——と冷凍卵 180
加糖冷凍全卵 112
カナマイシン加CW卵黄寒天 148
加熱（調理時の） 220
加熱殺菌→低温殺菌
加熱用（卵） 300
カ ビ 71, 181, 217
芽 胞 207, 212
　——菌 219, 220
　——形成菌 211, 217
　セレウス菌の—— 209, 211
かまぼこ 121, 255
カラザ 48, 223
カラザ層 47
カルシウム強化剤 57
カロリー 53
　卵黄の—— 53
　卵白の—— 56
監視／測定 221
緩衝ペプトン水 187
完全密封 220
乾燥卵 13, 15, 107, 257
　——の製造 93
乾燥卵白 93, 123, 208, 212
カンピロバクター
　(*Campylobacter jejuni/coli*)
　154, 201, 202

規格検査 17
気 孔 44, 45
キサントフィル 56
気 室 47, 79
気室高 63, 83
基準価格 26

索　引

揮発性塩基窒素　69
起泡助剤　115
起泡性　114, 129
　——の低下　78
　——の利用　127
逆浸透装置　106
急速凍結　105
凝固卵黄培地　152
錦糸卵　284
菌　叢　175
金属検出機　223
菌保有卵　76, 83

クエン酸　206
クチクラ　44, 163
グラム陰性桿菌　186, 192
グラム陰性菌　77, 134, 165, 167, 176, 242
グラム陽性菌　76, 133, 166, 167, 176
グリセリン　103
クリプトキサンチン　56
グルコース　107
グルコース酸化酵素　107
クルパノドン酸　143
クロストリジウム　212
黒　玉　69, 94, 167, 204

計画生産　1, 28
系　統　25
鶏　胚　155
鶏　病　20

鶏　卵　1
　——中の残留物質　19
　——内部の細菌　166
　——の栄養価　52
　——の大きさ　48
　——の大きさと卵黄，卵白，卵殻の比率　49
　——の価格形成　22, 25
　——の価格変動　22
　——の家庭での取り扱いマニュアル　301
　——の強度　161
　——の構造　43
　——の自給率　1
　——の消費動向　12
　——の生産量　1
　——の鮮度　60
　——の取引規格　17, 29, 49, 68
　——の品質　17
　——の流通機構　9
鶏卵液　155
鶏卵価格→卵価
鶏卵規格格付包装施設→GPセンター
鶏卵紙（印画紙）　157
鶏卵市場　25
鶏卵問屋　11, 25
鶏卵荷受機関　25
ケーキ　127, 128
化粧品　132, 145
結晶卵白アルブミン　155, 160

索　引

血清コレステロール　54
結着剤　113, 121
結着性　112
　──の利用　121
ケファリン　54, 55, 112
ケラチン　46
ゲル化　83, 113
ゲル強度　114
限外泸過装置　106
原虫類　155
検　卵　18, 94

コアグラーゼ型　212
抗 SE 抗体　295
好気性耐熱性菌　208
抗生物質　19, 222
合成抗菌剤　222
酵　母　181, 217
　──による処理　107, 127
国際規格（卵製品の）　182
黒　変　80
小　玉　71
コーティング　82, 83
コールスロー　205
コハク酸　183
Coryneform　210
コレステロール　54
コロイドミル　117
コンアルブミン　56, 159, 202
コンテナー　103
混入（卵黄・卵白相互の）　78, 98

サ　行

細　菌　76, 108
　──の損傷（凍結による）　258
細菌学的規格→微生物規格
細菌試験　132, 147
　卵製品の──　185
細菌数　76, 185, 186, 209
　──の EC 規格　183
　──の国際規格　182
　液全卵中の──　172, 296
　液卵の──　295, 301
　解凍全卵の──　179
　加糖全卵の──　181
　殻付き卵中味の──　77, 80, 82
　殻表面の──　80, 97, 164
　未殺菌卵製品の──　177
細菌発酵法　93, 107
酢　酸　206, 220, 252
殺菌→低温殺菌
殺菌条件　101
殺菌（済）液卵　220, 248, 301
サニテーション　108
サラダ　207, 214, 283
サラダドレッシング　111, 116
サルモネラ　77, 101, 130, 187, 191, 192, 214, 215, 221, 229
　──と乾燥　257
　──と凍結　258
　──の EC 規格　183
　──の汚染の形式　241

——の血清型　231
　　——の国際規格　182
　　——の増殖水分活性域　256
　　——の耐熱性　253
　　——の発育pH域　252
　　——の繁殖温度　249
　　——のファージ型（PT）　232
　　——の薬剤耐性　260
　液卵中の——　193〜195, 244, 295, 296, 301
　殻表面の——　192
　生の卵における——　224
Salmonella 07　216
Salmonella Infantis（SI）　214
Salmonella Enteritidis（SE）　214〜216, 231, 244, 296
　——フリー飼料　300
　——フリー雛　300
　——ワクチン　300
　——の卵内への侵入　297
Salmonella senftenberg　195, 253
Salmonella Typhimurium　215, 216, 231, 285
Salmonella Thompson（ST）　214
Salmonella Heidelberg（SH）　214
Salmonella Branderup　216
Salmonella Montvideo　215
酸凝固性　111
産卵個数　4

産卵日　302
残留農薬　20, 222

次亜塩素酸ナトリウム　97, 109, 253, 260, 266
CEE →胎児浸出液
自家製マヨネーズ　281
脂質（卵黄）　54
CCP　211, 213, 217, 220
CCP 1　219, 278
CCP 2　219
地卵　57
自動解凍装置　179
自動蛍光検卵機　95
自動洗卵機　97
自動透光検卵機　95
指導要領（衛生上の）
　——（液卵製造の）　237, 255, 262, 266, 304
　——（液卵製造施設に対する）　299
　——（殻付卵に対する）　239, 299
GPセンター　15, 18, 239, 300
集出荷　11
需給調整制度　26
Pseudomonas　77, 84, 217, 218
　—— *aeruginosa*　218
　—— *fluorescens*　218
　—— *putida*　218
　—— *maltophilla*　218
常温流通　15, 85

索　引

使用基準のある食品添加物　223
商　系　25
飼養戸数　4
消毒剤　96, 211, 223
消費小売　11
賞味期限　220, 302
静脈注射用脂肪乳剤　145
飼養羽数　4
食鳥処理場　295
食中毒　191
　——（菓子類による）　214
　——（サラダによる）　216
　——（卵焼き類による）　215
食中毒患者数　229
食中毒菌　77, 119, 148, 191, 201, 217
食肉製品　213
食品衛生法　19
　——の改正（平成10年）　21, 300
食品, 添加物等の規格基準　21
食品保存料　136
食用不適卵　300
飼料安全法　19
飼料生産基地　8
真空加熱法　106
真空ミキサー（加糖・加塩用）　102
人工血液　145

水産練り製品　113, 121, 213, 225, 292

水　分　45, 47, 66, 69, 79, 80, 181
水分活性　180, 181, 256
水平感染（SEの）　295
スクランブルエッグ　206, 289
Staphylococcus　154, 196, 210, 221
ステアリン酸　54, 143
ステロール　112
ストレーナー　223
スフィンゴミエリン　143
スフレ　280
スプレードライ　15, 107
スポンジケーキ　278

ゼアキサンチン　56
製菓・製パン業　15, 114
生産調整　27, 28
生産立地　7
正常餌群　298
接着剤　156
Serratia　77
　—— *marcescens*　218
セレウス菌（*Bacillus cereus*）　137, 148, 150, 171, 207〜211
　——検査用選択培地　148
　——最確数　209
全国液卵公社　28
洗浄剤　223
洗浄消毒
　——（殻付卵の）　221
　——（製造用機器類の）　221

索　引

洗浄水の透視度　266
鮮　度　60
　——の視覚による判定　18, 68
　——の指標　60
　市販鶏卵の——　80
鮮度検査　19
鮮度低下　70
　——と品質　76
　温度の影響　70
　鶏卵の並べ方による影響　74
　湿度の影響　71
　洗卵による影響　75
　日光による影響　70
　ニワトリの月齢による影響　71
　ニワトリの品種による影響　73
　病気による影響　74
　輸送による影響　74
　冷蔵開始前の鮮度の影響　75
　ワクチン接種の影響　74
鮮度保持　82
潜　熱　105
専門業者　15
洗　卵　44, 75, 96
　——と細菌汚染　209, 264〜266
　——と微生物　76, 168
全　卵　50, 51, 88

総合衛生管理製造過程　213, 225
総菜製造業　301
総菜類とサルモネラ　281
相　場　25

組織培養　156
ソーセージ　113, 122, 225, 292
遡及調査　301

タ　行

胎児浸出液（ニワトリ）　156
大豆レシチン　143, 145
大腸菌（*Escherichia coli*）　137, 169, 218, 221
大腸菌群（数）　101, 121, 141, 186, 216
　——の国際規格　182
　液卵の——　209, 295〜297
　殻表面の——　164
　未殺菌卵製品の——　177
耐熱性　212
　エルシニアの——　203
　エロモナスの——　204
　O 157 の——　212
　カンピロバクターの——　202
　大腸菌群の——　216
　ブドウ球菌の——　199
　リステリア菌の——　206
耐熱性菌　100, 208, 209
　——最確数　209
卵⇒鶏卵
　——の消化吸収　59
卵サンドイッチ　286
卵製品
　——の細菌試験法　185
　——の微生物規格　20, 182
卵豆腐　123, 124, 221, 285

索　引

卵焼き　80, 123, 124, 214, 224
　　──と黄色ブドウ球菌　196, 224
タルタルステーキ　130
タルタルソース　203
タンクローリー　103
炭酸ガス貯蔵（保存）　82, 84
炭酸カルシウム　45, 57
タンパク質　53, 56, 146
弾力補強剤　121

チアミンラウリル硫酸ナトリウム　137, 138
チーズケーキ　280
畜肉製品　122
血　玉　94, 99
茶　玉　45
茶碗蒸し　123, 287
中温細菌　172, 175
中心温度（冷却時）　221
腸炎ビブリオ　141, 191, 211, 215, 216
腸球菌　169, 216
　　──の凍結障害　153
　　殻表面の──　164, 216
調合静菌剤　137
　　──のキムチの過剰発酵防止効果　138
　　──の米飯に対する効果　138
調整保管　28
腸内細菌　167, 192, 203
　　──の EC 規格　183

チルド流通　14
通性嫌気性耐熱性菌　208
月見うどん　293

TSI 寒天　187
DHL 寒天培地　187
低温細菌　167, 172, 175, 188, 217～219, 224
低温殺菌　100, 171, 195, 200
低温保管（液卵）　217
低温保管流通（最終製品）　220
低温保存（殻付卵）　82
D 値　204, 254
TT（テトラチオネート）培地　187
ティラミス　277
テーブルエッグ　13
鉄　分　53, 124
転画紙　156
伝染性気管支炎　74
テンペラ画　158

凍結保管（保存）　14, 217, 259
凍結卵→冷凍卵
透光検査（透光検卵）　18, 66, 94
糖　質　53, 56
糖タンパク質　44, 46, 146
等電点リゾチーム　135, 141
ドーナツ　281
共立て法　128
鳥インフルエンザ　3, 8, 13

ドルセットの卵培地　152
ドレッシング　220
　　コールスロー——　207
　　半固体状——　203
トロロイモと生卵　290

ナ　行

内水様卵白　47
捺染用糊料　156
納豆と生卵　291
生液卵　13
生食用殻付卵　219, 220, 301, 302
生食用の表示　300
生　卵　129
　　——とサルモネラ　293
軟　卵　262

荷受卸売　11
二黄卵　51
二次汚染　224
　　——防止　103
日本鶏卵生産者協会　3
乳化性　111
　　——の利用　116
乳化分散剤　146
乳　酸　183, 206
乳等省令　121
ニューカッスル病ワクチン　74

熱凝固性　112
　　——の利用　121, 129

濃厚卵白　19, 47, 60, 78
濃厚卵白百分率　19
濃縮液卵　106

ハ　行

パーシャルフリージング　172
廃　鶏　295
配合飼料価格安定基金制度　26
ハイリスクグループ　301
ハウ単位　19, 52, 60, 67, 83, 85
白色卵黄　48
箱詰鶏卵規格　18, 29
バチルス（*Bacillus*）　140, 154, 207〜209, 216, 217
Bacillus cereus →セレウス菌
Bacillus sphaericus　210
発育鶏卵　155, 156
パック詰鶏卵規格　18
パック日　302
ババロア　274
ハ　ム　113, 122, 225, 292
破　卵　46, 89, 262, 298
パルミチン酸　54, 143
パンドライ　107
ハンバーグ　122

pH　69, 80, 83, 101, 119, 124, 125, 163, 169, 250, 252
BHI 培地　209
ピータン　111, 252
ビオチン　146

索　引

皮革光沢剤　156
非芽胞形成菌　217
比　重　66
微生物　44, 163
微生物規格　20, 182, 301
微生物危害　214
ビタミン　53, 55
必須アミノ酸　53
3-ヒドロキシ酪酸　183
ヒナ白痢症　192
比　熱　105
ひび卵　83, 88, 94, 217, 298
ピュアパック入り冷凍卵　103
氷温冷蔵　105, 116
氷　結　82, 103, 173, 177
氷結点　82, 105, 180
病原大腸菌　212, 215, 216
病原ブドウ球菌→黄色ブドウ球菌
表示期限（期限表示）　301, 302
氷点降下剤　103
品質保持期限　300

ファージ型　211
プール　272, 294
孵化中死卵　88, 183
物理的危害　222, 223
ブドウ球菌　181, 191, 196
腐　敗　76, 77, 175
腐敗卵　69, 76, 77, 80, 83, 94, 99, 163
腐敗微生物　217
不飽和脂肪酸　54

フマル酸　252
Flavobacterium　217, 218
フリーズドライ　107
プレーン　116
フレンチトースト　291
ブレンハートインフュージョン→
　　BHI 培地
Proteus　77, 217
プロピレングリコール　103, 267
糞便系大腸菌（*E. coli*）　216
分離（卵黄と卵白との）　98
分離機　98
分裂時間
　——（セレウス菌の）　209
　——（低温性細菌の）　218

ヘキサメタリン酸ナトリウム
　134, 137
β-カロチン　56
別立て法　129
偏性嫌気性耐熱性菌　208, 212

飽和脂肪酸　54
ホール液全卵　99, 247
保型剤　146
ホスビチン　54, 159
ホスファチジルエタノールアミン
　143
ホスファチジルコリン　54, 142, 143
ホスホリパーゼ　148
ボツリヌス菌（*Clostridium*

索　引

boturinum) 148, 212
　——の非選択性培地　148
ポテトサラダ　203

マ 行

マヨネーズ　78, 111, 116
　——とエルシニア　203
　——とエロモナス　204
　——と黄色ブドウ球菌　200
　——とサルモネラ　201, 281
　——と病原大腸菌　212
　——とリステリア菌　207
　——のCCP　220
　——の手作り　118

ミートスポット卵　99
ミクロコッカス（*Micrococcus*）
　154, 196
Micrococcus lysodeikticus　135
未殺菌液卵のサルモネラ陽性率
　244, 245
ミネラル　53
Mirex（気室測定器）　66
ミルクセーキ　277

無精卵　58

目玉焼き　206, 288
メタリン酸ナトリウム　137
目減り　71, 80, 83, 85
めん用ミックスパウダー製剤
　123

めん類　113, 123

目標微生物基準値（液卵）　269
モザイク　159
モノカプリン　134, 137

ヤ 行

焼き飯　207
薬事法　19
野兎病菌　152

UHT殺菌　209, 210
有機酸　137
有精卵　57, 58
湯中殺菌
　——（錦糸卵）　200, 284
　——（卵加工品）　219, 220
ユッケピビンパプ　130
ゆで卵　79, 80, 83, 85, 123〜127
　——とサルモネラ　286
　——の殻のむきやすさ　125
輸入凍結卵　17

溶菌酵素　133
溶菌作用（リゾチームの）　133
養鶏場や鶏からのSE検出　295
洋生菓子とサルモネラ　274

ラ 行

ラテブラ　48
卵　黄　43, 48, 88
　——の色と栄養　56

索 引

　　――の成分と栄養　53
　　――の乳化力　55, 112
　　――のみだれ　78
卵黄液添加培地　148
卵黄加マンニット食塩寒天　148, 150
卵黄係数　19, 62, 78, 83, 85
卵黄脂肪　53, 54, 59
卵黄タンパク質　53, 112
卵黄反応　147
卵黄偏心度　19
卵黄膜　48, 163, 223
卵黄油　54, 142, 144
卵黄レシチン→レシチン
卵　価　3, 25
　　――の季節変動　23, 24
卵価安定基金基準価格→基準価格
卵価安定基金制度　26
卵　殻　43, 45, 88, 158, 163, 223
　　――の厚み　46
　　――の色　45
　　――の成分と栄養　57
　　――の微生物　163
卵殻工芸品　159
卵殻片の混入　223
卵殻膜　46
卵　白　43, 47, 88
　　――の成分と栄養　56
卵白アルブミン→オボアルブミン
卵白係数　19
卵白タンパク質　56, 112

卵白評点　19

リケッチア　155, 156
離水防止剤　121
リステリア菌（*Listeria monocytogenes*）　205～207, 224
Listeria innocua　205, 207
リゾチーム　56, 76, 132, 154, 163, 166, 169, 208
　　――の活性　135
　　――の作用　133
　　――の静菌効果　134
　　――の生産　132
　　――の製法　135
　　――の用途　136
　卵白――　206
リゾホスファチジルコリン　143
リノール酸　54, 143
リノレン酸　54
リポタンパク質　54
リポビテリニン　54
リポビテリン　54
硫化黒変　124, 127, 219
硫化水素臭　176
硫化鉄　124
緑　卵　94, 167
リン酸三ナトリウム　252
リン脂質　54, 142
リンタンパク質　54

ルテイン　56

索　引

冷却曲線　181
冷却卵　102
冷　蔵　83
冷蔵保管　217, 301
冷　凍　105
冷凍卵　13, 14, 102
　　――と細菌　177
　　――の解凍　178
　　――の製造　90
冷凍卵白　122
レオメーター　114
レシチナーゼ　148
レシチン　54, 55, 112, 142

　　――の性質　143
　　――の製法　143
　　――の組成　142
　　――の用途　144
レシトプロテイン　112

老化防止（食パンなどの）　146
沪　過　99
ロボット割卵機洗浄消毒装置　109
ロングエッグ　124

ワ 行

ワクチン　132, 155

著者略歴

今井忠平（いまい・ちゅうへい）
- 昭和6年　新潟市に生まれる.
- 昭和27年　水産講習所（現東京水産大学）製造科卒業.
- 同　　年　キユーピー㈱研究所入社. 技術研究所長, 顧問を経て平成9年同社退社.
　　　　　　農学博士.
- 著　　書　「鶏卵の知識」（食品化学新聞社）,「マヨネーズ・ドレッシング入門」（日本食糧新聞社）,「HACCP これからの食品工場の自主衛生管理」（共著, 中央法規出版）,「マヨネーズ・ドレッシングの知識」（幸書房）,「惣菜の製造管理とHACCP」（共著, 中央法規出版）, その他多数.

南羽悦悟（なんば・えつご）
- 昭和23年　広島県に生まれる.
- 昭和48年　広島大学水畜産学部食品工業化学科卒業.
- 同　　年　キユーピー㈱入社. 同社原料本部購買部長, 鶏卵の購買業務に携わる. キユーピータマゴ㈱企画室長を経て, 現在キユーピー㈱経営企画室事業部長.

栗原健志（くりはら・けんじ）
- 昭和34年　尼崎市に生まれる.
- 昭和59年　長崎大学水産学部大学院卒業.
- 同　　年　キユーピー㈱入社. 生産, 品質管理業務で鶏卵, 加工卵関係を担当, 現在同社泉佐野工場長.
　　　　　　日本食品微生物学会評議員.
- 著　　書　「輸入食品事典」（共著, 輸入食品事典研究会）,「食品の腐敗変敗防止対策ハンドブック」（共著, サイエンスフォーラム）,「食品危害微生物ハンドブック」（共著, サイエンスフォーラム）など.

改訂増補 タマゴの知識	
1989年1月5日	初版第1刷発行
1991年3月1日	初版第2刷発行
1995年7月25日	改訂増補第1刷発行
1999年6月20日	改訂増補第2刷発行（部分改訂）
2007年8月30日	改訂増補第3刷発行（部分改訂）

著者　今井忠平
　　　南羽悦悟
　　　栗原健志

発行者　桑野知章

Printed in Japan
2007 ©

発行所　株式会社　幸書房
〒101-0051　東京都千代田区神田神保町3-17
Tel 03-3512-0165　Fax 03-3512-0166

平文社

本書を無断で引用または転載することを禁じます．

ISBN 978-4-7821-0307-4　C 3058